大宗工业固体废弃物制备绿色建材技术研究丛书（第一辑）

粉煤灰资源化利用

Resource Utilization of Fly Ash

卓锦德 ◎ 编著

中国建材工业出版社

图书在版编目（CIP）数据

粉煤灰资源化利用/卓锦德编著--北京：中国
建材工业出版社，2021.1

（大宗工业固体废弃物制备绿色建材技术研究丛书.
第一辑）

ISBN 978-7-5160-2963-3

Ⅰ.①粉⋯　Ⅱ.①卓⋯　Ⅲ.①粉煤灰－固体废物利用
－研究　Ⅳ.①X773.05

中国版本图书馆 CIP 数据核字（2020）第 114099 号

粉煤灰资源化利用

Fenmeihui Ziyuanhua Liyong

卓锦德 ◎ 编著

出版发行：中国建材工业出版社

地　　址：北京市海淀区三里河路 1 号

邮　　编：100044

经　　销：全国各地新华书店

印　　刷：北京天恒嘉业印刷有限公司

开　　本：787mm×1092mm　1/16

印　　张：9.5

字　　数：160 千字

版　　次：2021 年 1 月第 1 版

印　　次：2021 年 1 月第 1 次

定　　价：108.00 元

《大宗工业固体废弃物
制备绿色建材技术研究丛书》（第一辑）
编　委　会

序 一
FOREWORD 1

　　大宗工业固体废弃物产生量远大于生活垃圾，是我国固体废弃物管理的重要对象。随着我国经济高速发展，社会生活水平不断提高以及工业化进程逐渐加快，大宗工业固体废弃物呈现了迅速增加的趋势。工业固体废弃物的污染具有隐蔽性、滞后性和持续性，给环境和人类健康带来巨大危害。对工业固体废弃物的妥善处置和再生利用已成为我国经济社会发展不可回避的重要环境问题之一。当然，随着科技的进步，我国大宗工业固体废弃物的综合利用量不断增加，综合利用和循环再生已成为工业固体废弃物的大势所趋，但近年来其综合利用率提升较慢，大宗工业固体废弃物仍有较大的综合利用潜力。

　　我国"十三五"规划纲要明确提出，牢固树立和贯彻落实创新、协调、绿色、开放、共享的新发展理念，坚持节约资源和保护环境的基本国策，推进资源节约集约利用，做好工业固体废弃物等大宗废弃物资源化利用。中国建材工业出版社携同中国硅酸盐学会固废与生态材料分会组织相关领域权威专家学者撰写《大宗工业固体废弃物制备绿色建材技术研究丛书》，阐述如何利用煤矸石、粉煤灰、冶金渣、尾矿、建筑废弃物等大宗固体废弃物来制备建筑材料的技术创新成果，适逢其时，很有价值。

　　本套丛书反映了建筑材料行业引领性研究的技术成果，符合国家绿色发展战略。祝贺丛书第一辑获得国家出版基金的资助，也很荣幸为丛书作序。希望这套丛书的出版，为我国大宗工业固废的利用起到积极的推动作用，造福国家与人民。

中国工程院　院士

东南大学　教授

序 二

FOREWORD 2

习近平总书记多次强调，绿水青山就是金山银山。随着生态文明建设的深入推进和环保要求的不断提升，化废弃物为资源，变负担为财富，逐渐成为我国生态文明建设的迫切需求，绿色发展观念不断深入人心。

建材工业是我国国民经济发展的支柱型基础产业之一，也是发展循环经济、开展资源综合利用的重点行业，对社会、经济和环境协调发展具有极其重要的作用。工业和信息化部发布的《建材工业发展规划（2016—2020年）》提出，要坚持绿色发展，加强节能减排和资源综合利用，大力发展循环经济、低碳经济，全面推进清洁生产，开发推广绿色建材，促进建材工业向绿色功能产业转变。

大宗工业固体废弃物产生量大，污染环境，影响生态发展，但也有良好的资源化再利用前景。中国建材工业出版社利用其专业优势，与中国硅酸盐学会固废与生态材料分会携手合作，在业内组织权威专家学者，撰写了《大宗工业固体废弃物制备绿色建材技术研究丛书》。丛书第一辑阐述如何利用粉煤灰、煤矸石、尾矿、冶金渣及建筑废弃物等大宗工业固体废弃物制备路基材料、胶凝材料、砂石、墙体及保温材料等建材，变废为宝，节能低碳；第二辑将阐述利用工业副产石膏、冶炼渣、赤泥等工业固体废弃物制备建材的相关技术。丛书第一辑得到了国家出版基金资助，在此表示祝贺。

这套丛书的出版，对于推动我国建材工业的绿色发展、促进循环经济运行、快速构建可持续的生产方式具有重大意义，将在构建美丽中国的进程中发挥重要作用。

中国工程院　院士

武汉理工大学　教授

丛书前言

PREFACE TO THE SERIES

中国建材工业出版社联合中国硅酸盐学会固废与生态材料分会组织国内该领域专家撰写《大宗工业固体废弃物制备绿色建材技术研究丛书》，旨在系统总结我国学者在本领域长期积累和深入研究的成果，希望行业中人通过阅读这套丛书而对大宗工业固废建立全面的认识，从而促进采用大宗固废制备绿色建材整体化解决方案的形成。

固废与建材是两个独立的领域，但是却有着天然的、潜在的联系。首先，在数量级上有对等的关系：我国每年的固废排出量都在百亿吨级，而我国建材的生产消耗量也在百亿吨级；其次，在成分和功能上有对等的性能，其中无机组分可以谋求作替代原料，有机组分可以考虑作替代燃料；第三，制备绿色建筑材料已经被认为是固废特别是大宗工业固废利用最主要的方向和出路。

吴中伟院士是混凝土材料科学的开拓者和学术泰斗，被称为"混凝土材料科学一代宗师"。他在二十几年前提出的"水泥混凝土可持续发展"的理论，为我国水泥混凝土行业的发展指明了方向，也得到了国际上的广泛认可。现在的固废资源化利用，也是这一思想的延伸与发展，符合可持续发展理论，是环保、资源、材料的协同解决方案。水泥混凝土可持续发展的主要特点是少用天然材料、多用二次材料（固废材料）；固废资源化利用不能仅仅局限在水泥、混凝土材料行业，还需要着眼于矿井回填、生态修复等领域，它们都是一脉相承、不可分割的。可持续发展是人类社会至关重要的主题，固废资源化利用是功在当代、造福后人的千年大计。

2015 年后，固废处理越来越受到重视，尤其是在党的十九大报告中，在论述生态文明建设时，特别强调了"加强固体废弃物和垃圾处置"。我国也先后提出"城市矿产""无废城市"等概念，着力打造"无废城市"。"无废城市"并不是没有固体废弃物产生，也不意味着固体废弃物能完全资源化利用，而是一种先进的城市管理理念，旨在最终实现整个城市固体废弃物产生量最小、资源化利用充分、处置安全的目标，需要长期探索与实践。

这套丛书特色鲜明，聚焦大宗固废制备绿色建材主题。第一辑涉猎煤矸石、粉煤灰、建筑固废、冶金渣、尾矿等固废及其在水泥和混凝土材料、路基材料、地质聚合物、矿井充填材料等方面的研究与应用。作者们在书中针对煤电固废、冶金渣、建筑固废和矿业固废在制备绿色建材中的原理、配方、技术、生产工艺、应用技术、典型工程案例等方面都进行了详细阐述，对行业中人的教学、科研、生产和应用具有重要和积极的参考价值。

这套丛书的编撰工作得到缪昌文院士、张联盟院士、彭苏萍院士、何满潮院士、欧阳世翕教授和晋占平教授等专家的大力支持。缪昌文院士和张联盟院士还专门为丛书写序推荐，在此向以上专家表示衷心的感谢。丛书的编撰更是得到了国内一线科研工作者的大力支持，也向他们表示感谢。

《大宗工业固体废弃物制备绿色建材技术研究丛书》（第一辑）在出版之初即获得了国家出版基金的资助，这是一种荣誉，也是一个鞭策，促进我们的工作再接再厉，严格把关，出好每一本书，为行业服务。

我们的理想和奋斗目标是：让世间无废，让中国更美！

中国硅酸盐学会固废与生态材料分会　理事长

中国矿业大学（北京）　教授、博导

前 言
PREFACE

粉煤灰利用已有相当长的历史，美国早在 1934 年就开始粉煤灰的利用研究，而中国也在 1965 年开始以粉煤灰制备粉煤灰-石灰砖，同时这方面的图书也非常多，本书区别于它们的主要特点是"资源化"利用。

既然谈到资源化利用，就必须从材料科学角度认清粉煤灰的三个基本材料性质的差异（颗粒细度与形貌、化学成分以及矿物相组分），进而产生三个潜在利用效应（微集料效应、活性效应以及高成分含量效应），在对应的金字塔式六大领域利用（矿井充填开采与矿区复耕、生态治理与土壤改良、地方工程建设、道路、建材以及高值化和特殊利用）过程中结合当地粉煤灰产量以及市场相关的潜在利用需求量，满足并创造地方需求，达到社会效益与经济效益兼顾的循环经济目标。

本书的完成要感谢所有参编人员，包括：第一章～第六章主要内容来自北京低碳清洁能源研究院以及中国循环经济协会粉煤灰专委会提供的相关报告，第六章部分内容来自建筑材料工业技术情报研究所提供的相关报告，第七章主要内容来自电力行业标准制定编制组编写的《燃煤电厂粉煤灰资源化利用分类规范》的标准编制与说明。

由于编写时间仓促，书中难免存在不妥之处，敬请广大读者和专家批评指正。

编著者
2020 年 10 月 1 日

目 录

CONTENT

1 粉煤灰来源与定义

煤燃烧产生热、二氧化碳以及灰渣。煤在锅炉内燃烧产生的灰渣，包括粉煤灰和炉底渣。粉煤灰是从煤在锅炉里燃烧后产生的烟气中收捕下来的细灰，也叫作飞灰。炉底渣是从炉底排出的渣。粉煤灰与炉底渣，两者化学成分相近似，但形貌、粒径与矿物相差异大，一般炉底渣的含碳量和矿物中的玻璃相比粉煤灰高，颗粒较大，多为不规则的形貌。在《粉煤灰综合利用管理办法（2013）》中对粉煤灰的定义与灰渣一致，为"燃煤电厂以及煤矸石、煤泥资源综合利用电厂锅炉烟气经除尘器收集后获得的细小飞灰和炉底渣"[1]。但在《用于水泥和混凝土中的粉煤灰》（GB/T 1596—2017）的标准里，粉煤灰被定义为电厂煤粉炉烟道气体中收集的粉末，同时不包括以下情形：（1）和煤一起煅烧城市垃圾或其他废弃物时；（2）在焚烧炉中煅烧工业或城市垃圾时；（3）循环流化床锅炉燃烧收集的粉末[2]。本文的粉煤灰采用了 GB/T 1596—2017 中的定义但也包括了循环流化床锅炉燃烧后从烟道收集的粉末。

2 粉煤灰基本材料性质与性能

从材料科学的角度，粉煤灰具有 3 个基本材料性质：颗粒细度与形貌，化学成分，矿物相组分，如图 2-1 所示。其基本性质直接影响粉煤灰的物理和化学性能，包括密度、硬度、熔点、含水量、吸水率、颜色、活性（硬化、碱激发）、膨胀性、溶解度等。而粉煤灰的性能也直接影响其应用。粉煤灰的活性指粉煤灰能够与石灰或者在碱性条件下生成具有胶凝性能的水化物。粉煤灰本身没有或略有水硬胶凝性能，但有水分存在，特别是在水热处理（蒸压养护）条件下，能与氢氧化钙等碱性物质发生反应，生成水硬胶凝性能化合物。粉煤灰活性与粉煤灰化学成分、玻璃体含量、表面积（颗粒细度与形貌）等因素有关，一般氧化钙和二氧化硅含量高、粒径越细、玻璃体含量多、含碳量低的粉煤灰活性高。粉煤灰物理性能包括重度、相对密度、比表面积、堆积密度、含水量、形貌、颜色等，这些性质对粉煤灰非常重要，是化学成分、矿物组成以及颗粒形貌和细度的宏观反映。粉煤灰的基本材料性质取决于电厂选用的煤种、燃煤工艺以及环保工程操作条件三个因素，如图 2-2 所示。煤中的无机物与锅炉的燃烧温度决定了粉煤灰的矿物组分，而煤中的无机物、锅炉燃烧程度以及环保工程的操作条件决定了粉煤灰的化学成分。锅炉燃烧不完全，造成含碳量较高。在环保工艺中，炉内脱硫造成高硫含量以及高钙含量，而脱硝控制不当造成高氨含量，同时，如果以烟气蒸发处理脱硫废水，会提高氯离子含量。粉煤灰的颗粒形貌取决于燃烧锅炉炉型，煤粉炉生产的粉煤灰属于球形颗粒；循环流化床生成的粉煤灰，其形貌则是不规则的颗粒。而粉煤灰的粒径分布取决于煤的预处理、锅炉燃烧条件以及除尘系统。

粉煤灰三个基本材料性质中差异最大的是颗粒细度（粒径分布）与形貌，粒径范围从 $0.1\mu m$ 到 $600\mu m$。同一电厂的粉煤灰，颗粒越细、比表面积越大、结晶度越小，玻璃相越高，因此活性越高、利用价值也越高。粉煤灰的细度随煤粉的细度、燃烧条件和除尘方式不同而异，多数的 $45\mu m$ 筛余量为 10% ~20%。各电厂粉煤灰堆积密度差异大，一般为 700 ~ 1000kg/m³。根据煤的燃烧方式不同，粉煤灰又分为煤粉炉灰以及循环流化床灰。使用同样的煤，由于燃烧效率与温度的不同，对粉煤灰形貌、化学成分和矿物组分都会有影响，特别是含碳量、矿物结构以及玻璃相含量，继而影响粉煤灰的利用。一般煤粉炉的燃烧温度在 1200 ~ 1400℃，燃烧比较充分，因此粉煤灰含碳量低，铁一般以四氧化三铁（磁铁）的状态存在，颜色是黑色，而氧化铝以莫来石状态存在，大部分粉煤灰颗粒形貌是球形，玻璃相含量较低；循环流化床的燃烧温度在 $800 \sim 950℃$，燃烧效率比较低，粉煤灰含碳量较高，铁是以三氧化二铁（氧化铁）的状态存在，颜色偏红，氧化铝则以偏高岭石状态存在，颗粒形貌为不规则状，同时玻璃相较高。因此，并不是所有的粉煤灰都拥有一样的基本材料性质，不同的电厂可能生产不一样性质的粉煤灰，甚至同一个电厂，也可能在不同时期生产性质不一样的粉煤灰，可有很大的基本性能差异。

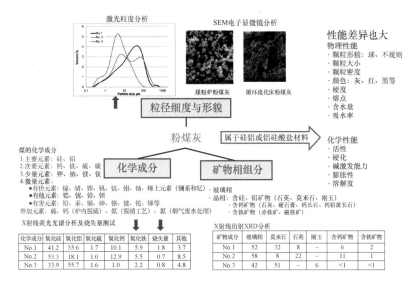

X射线荧光光谱分析及烧失量测试

化学成分	氧化硅	氧化铝	氧化硫	氧化钙	氧化铁	烧失量	其他
No.1	41.2	35.6	1.7	10.1	5.9	1.8	3.7
No.2	53.3	18.1	1.0	12.9	5.5	0.7	8.5
No.3	33.9	55.7	1.6	1.0	2.2	0.8	4.8

X射线衍射XRD分析

矿物相	玻璃相	莫来石	石英	刚玉	含钙矿物	含铁矿物
No.1	52	32	8		6	2
No.2	58	8	22	–	11	1
No.3	42	51		6	<1	<1

图 2-1　粉煤灰基本材料性质与性能

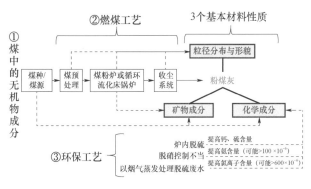

图 2-2　电厂影响粉煤灰基本材料性质的三个因素

粉煤灰是一种火山灰质材料，化学成分来源于煤中无机组分，其主要成分为二氧化硅（SiO_2）和三氧化二铝（Al_2O_3），次要成分包括氧化钙（CaO）、氧化铁（三氧化二铁 Fe_2O_3 或四氧化三铁 Fe_3O_4）、三氧化硫（SO_3）、氧化镁（MgO）、氧化钾（K_2O）、氧化钠（Na_2O）、二氧化钛（TiO_2）、未燃尽有机质（含碳量或烧失量），以及微量元素包括有价元素类的镓、锗、锂、钒、钪、钼、铀、稀土元素（镧系和钇），有害元素类的铅、汞、镉、砷、铬、铍、铊、锑等以及其他微量元素：锆、铌、铪、钽。美国由于 2008 年田纳西州金思顿（Kingston）的粉煤灰库的崩塌，造成数百万平方米的土地和河川的污染，花费数千万美元的清理费。美国环保署因此事件，在 2010 年 6 月提议将粉煤灰列入危害废弃物。美国电力研究所经过 30 年的研究，分析了 50 个燃煤电厂取得的 64 个燃煤产物，在 2010 年 9 月发表一篇技术报告，对燃煤产物（包括粉煤灰、底渣和脱硫石膏）与其他材料（如石头、泥土、肥料、金属渣、砂子和生化固体）的重金属成分和含量进行对比，并与美国环保署泥土毒性提取标准做对比[3]。图 2-3 是粉煤灰与石头和泥土重金属成分和含量的对比。数据显示，除了砷含量偏高外，粉煤灰的其他重金属含量与石头和泥土并没有太大的差异。图 2-4 是粉煤灰的重金属含量与美国环保署泥土毒性提取标准做对比。同样地，数据显示，除了砷含量偏高外，其他重金属含量都在标准以下或在标准内。因此，在 2013 年 7 月，美国国会通过燃煤产物再利用和管理，将粉煤灰管理授权给各个州并定燃煤产物为非有害物质。2016年 10 月，美国环保署正式将粉煤灰纳入非危废的固废管理。

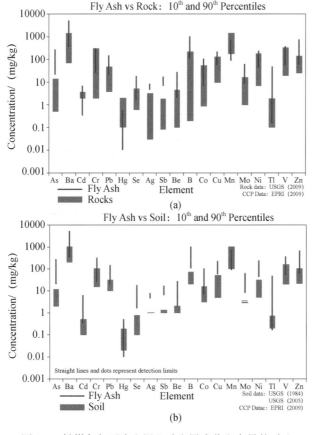

图 2-3　粉煤灰与石头和泥土重金属成分和含量的对比

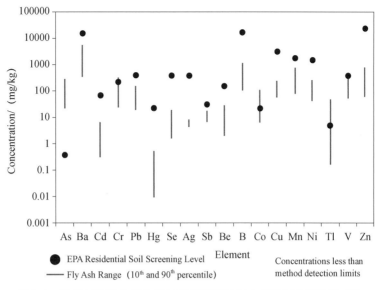

图 2-4　粉煤灰的重金属含量与美国环保署泥土毒性提取标准做对比

不同来源的煤和不同燃烧条件下产生的粉煤灰，其化学成分差别很大。粉煤灰按铝含量不同可分为高铝灰（铝含量≥40%）和一般粉煤灰。粉煤灰按氧化钙含量不同分为三类：低钙粉煤灰、中钙粉煤灰和高钙粉煤灰，如表2-1 所示。粉煤灰按胶凝性分类可分为三类，如表2-2 所示。我国多数粉煤灰的化学成分与黏土相似，但部分粉煤灰的二氧化硅含量偏低，三氧化二铝含量偏高。随着锅炉燃烧技术的提高，含碳量趋向于进一步降低，含碳量少于8%的约占80%。表2-3 是我国部分燃煤电厂粉煤灰化学成分统计结果。

表 2-1　粉煤灰按氧化钙含量分类

粉煤灰类型	低钙粉煤灰	中钙粉煤灰	高钙粉煤灰
氧化钙含量（%）	≤10	>10 且≤20	>20

表 2-2　按胶凝性分类

粉煤灰类别	凝结性能	水中稳定性
F 类灰	不凝结硬化	稳定
中等胶凝性 C1 类灰	60min 内凝结硬化	不太稳定
强胶凝性 C2 类灰	15min 内凝结硬化	不稳定

表 2-3　我国部分燃煤电厂粉煤灰化学成分

成分	SiO_2	Al_2O_3	Fe_2O_3	CaO	MgO	K_2O	Na_2O	SO_3	烧失量
变化范围（%）	33~59	16~35	1.5~19	0.8~10	0.7~1.9	0.6~2.9	0.2~1.1	0~1.1	1.2~23
平均值（%）	50.6	27.1	7.1	2.8	1.2	1.3	0.5	0.3	8.2

粉煤灰的矿物组成以玻璃质微珠为主，其次为结晶相，主要结晶相为石英、莫来石、石灰、石膏、磁铁矿、赤铁矿、方解石、刚玉等。粉煤灰玻璃质微珠及多孔体均以玻璃体为主，玻璃体含量为40%～80%，玻璃体在高温煅烧中储存了较高的化学内能，是粉煤灰活性的来源。莫来石是粉煤灰中存在的二氧化硅和三氧化二铝在电站锅炉燃烧过程中形成的，扫描电子显微镜下偶尔可以见到莫来石的针状自形晶集合体，莫来石含量多在3%～11%，其变化与粉煤灰中三氧化二铝含量及煤粉燃烧时的炉膛温度等诸多因素有关；磁铁矿和赤铁矿是粉煤灰中铁的主要赋存状态，煤粉炉灰产生磁铁矿而循环流化床灰产生赤铁矿。石英为粉煤灰中的原生矿物，常为棱角状、不规则颗粒。

3 粉煤灰利用发展阶段

中华人民共和国成立以来，我国粉煤灰的处置在很长一段时期内延用灰场储灰方式。灰场饱和后，通常加高灰坝增加贮存容量或另建贮灰场。粉煤灰早在 20 世纪 50 年代就已开始应用于混凝土掺和、制砖、道路路面基材等方面，如三门峡大坝工程，在混凝土中共掺用粉煤灰 3.3 万 t，节约水泥 2 万 t，并且起到防止大坝出现裂纹、防渗、增加后期强度、提高工程质量的效果；在 20 世纪六七十年代，粉煤灰利用重点转向墙体材料，研制生产粉煤灰密实砌块、墙板，粉煤灰烧结陶粒和粉煤灰黏土烧结砖等；20 世纪 80 年代以后在建材、建工、筑路、回填、农业等方面全面铺开。

1949—1979 年是粉煤灰发展的第一阶段：灰场储灰模式。随着改革开放的不断深入，国民经济的迅速发展，能源需求逐年增加，燃煤发电也越来越多，粉煤灰的产量年年提高，同时地方建设也蓬勃发展，特别是建材行业，因此粉煤灰发展也进入了第二阶段：储用结合的起步和发展，代表了 1979—1999 年 20 年的发展。2000 年至今，进入了第三阶段，"以用为主"的阶段，粉煤灰的利用率超过 60%，但也无法突破 75% 的大关。

表 3-1 和图 3-1 所示为 1979—2018 年粉煤灰的年产量与年利用量，明显地说明了 2 个不同的成长期[4]。在 2000 年之前，产量处于缓慢增长期，但利用量却快速增长，从 1979 年的 2700 万 t 产量和 300 万 t 利用量（利用率约为 10%），到 2000 年产量增长到 1.2 亿 t，增长了 4.4 倍，而年利用量增长到 7200 万 t，增长了 25 倍，而利用率也增长了 6 倍。2000 年之后产量与利用量都进入急速增长期，2018 年年产量达到 5.3 亿 t，年利用量也达到 3.6 亿 t（利用率为 68%）。由于产量大增，利用率也只增长了 1.1 倍，如图 3-2 所示。说明我国 1979—2000 年从"储用结合"的起步与发展，利用率从 10% 增加到 40%~60%，发展到现阶段的"以用为主"的利用率不小于 60%。

表 3-1 1979—2018 年中国粉煤灰年产量、利用率及年利用量

年份	年产量（百万吨）	利用率（%）	年利用量（百万吨）	未利用量（百万吨）
1979	27	10	3	24
1980	26	14	4	22

续表

年份	年产量（百万吨）	利用率（%）	年利用量（百万吨）	未利用量（百万吨）
1981	27	19	5	22
1982	27	17	5	23
1983	30	24	7	23
1984	34	20	7	27
1985	38	21	8	30
1986	42	23	10	33
1987	48	23	11	37
1988	55	26	14	41
1989	62	26	16	46
1990	58	34	20	38
1991	75	31	23	52
1992	80	32	25	54
1993	86	35	30	56
1994	91	41	37	54
1995	99	42	41	58
1996	110	42	46	64
1997	106	43	46	60
1998	107	53	57	50
1999	120	45	54	66
2000	120	60	72	48
2001	154	63	97	57
2002	181	66	119	62
2003	217	65	141	76
2004	263	65	171	92
2005	302	66	199	103
2006	352	66	232	120
2007	388	67	260	128
2008	395	67	265	130
2009	420	67	281	139
2010	480	68	326	154
2011	540	68	367	173
2012	520	68	354	166
2013	580	68	394	186
2014	540	70	380	160
2015	566	70	396	170
2016	500	72	360	140
2017	560	66	370	190
2018	530	68	360	170

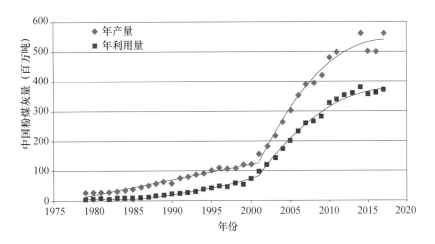

图 3-1 1979—2018 年中国粉煤灰年产量与年利用量

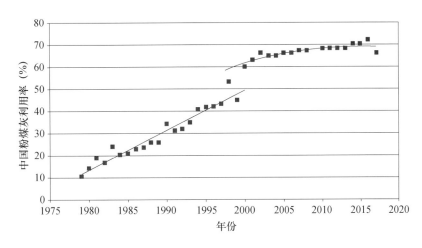

图 3-2 1979—2018 年中国粉煤灰年利用率

　　根据以上数据，目前中国的粉煤灰利用率已经达到了瓶颈期。2018
年粉煤灰 3.6 亿吨的利用量主要包括了 82.8% 建材、9.3% 建筑工程、
0.9% 筑路、0.9% 回填、0.1% 农业及 6% 其他。主要利用在量大低端建
材行业，约占利用率的 88%。东部沿海及大城市周边的电厂，由于建材
行业需要量大，电厂粉煤灰的利用率可达 100%，而由于偏远地区的建
材市场容量小，电厂粉煤灰利用率偏低，甚至为零。因此，需要在偏远
地区提高粉煤灰在不受运距限制方面的高价值利用，包括高价值建材，
以及在非建材方面的当地大宗低端利用，包括筑路、矿井回填与矿区生
态修复以及生态治理和土壤改良等量大的应用是必需的途径。我们需要
大力推动第四个发展阶段——以偏远地区为主的"粉煤灰资源化利用"
阶段。这个阶段必须是量与价值兼顾的途径，才能保持可持续发展，提

高利用率，达到100%利用的目标。从市场供需曲线的角度看，包括粉煤灰基产品，产品价值越高其市场用量越小，如图3-3所示[5]。这里指的高价值粉煤灰基产品的价格至少不大于1000元/t人民币，而且有足够的利润（超过区域性的市场需要承担的运费），同时市场容量至少是百万级。而开发高价值产品，则需要有稳定的粉煤灰原料，因此，也需要电厂的参与，稳定其生产过程，提供稳定的粉煤灰原料。

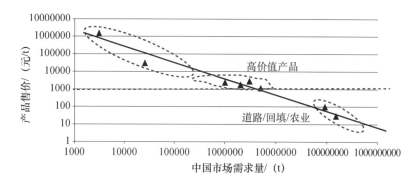

图3-3 粉煤灰基产品价格与市场需求关系

根据目前粉煤灰在中国不同领域的利用率以及20/80市场法则，未来必须提高低端量大的当地需要的非建材应用，同时增加高价值量小的应用，如图3-4所示。如何提高偏远地区电厂的粉煤灰利用，突破利用率的瓶颈，是一个具有挑战性的任务，也是提高现有粉煤灰利用率最关键的工作。这个新的"粉煤灰资源化"发展阶段具有以下3个特点：①偏远地区电厂与产煤单位参与粉煤灰处置和利用，提供稳定的粉煤灰原料作为高价值产品的开发以及对低端大宗应用的资源支持，包括矿井充填开采与矿区生态治理；②地方政府的参与，为生态治理（例如，荒漠地、盐碱地等）与基础建设（包括乡村道路、建设用地）提供政策与资金的支持；③政产学研用的合作，以粉煤灰为原料，就地取材建设地方，建立可持续的循环经济产业园，发展地方经济。

综合利用	现况		资源化利用		
应用领域	比率/%	总量/亿t		比率/%	总量/亿t
·建材	60	3.60		60	3.6
·道路/回填/农业	9	0.54		25	1.5 （需增长3倍）
·高价值产品	1	0.06		15	0.9 （需增长15倍）
·掩埋	30	1.80			

20/80法则

图3-4 现有综合利用率对比资源化利用率

4 粉煤灰相关政策与法规

我国粉煤灰综合利用的牵头管理单位为发展改革委，同时涉及工信、环保、科技等9部门，政府管理机构及主要职责见表4-1。

表4-1 我国粉煤灰的政府管理机构主要职责

机构名称	主要职责
发展改革委资源节约与环境保护司	粉煤灰综合利用政策制定、认定、示范及组织协调监督
发展改革委能源局	燃煤电厂粉煤灰综合利用方案的审核
科技部社会发展科技司	有关科技政策制定，粉煤灰综合利用重大科技项目立项
工业和信息化部节能与综合利用司	重大示范工程和新产品、新技术、新设备的推广应用
财政部税政司、经建司	制定粉煤灰综合利用相关财政政策
自然资源部	粉煤灰土地占用，粉煤灰"三率"管理
生态环境部	粉煤灰排放、运输、存储以及利用环节污染防治管理
住房城乡建设部	粉煤灰建材产品应用管理
交通运输部	粉煤灰及其制品的运输管理
税务总局	制定粉煤灰综合利用税收优惠政策
市场监管总局	制定粉煤灰综合利用产品标准以及质量管理

《粉煤灰综合利用管理办法》（国经贸节〔1994〕14号）提出了粉煤灰综合利用坚持"以用为主"的指导思想，实行"因地制宜，多种途径，各方协作，鼓励用灰"和"谁排放、谁治理，谁利用、谁受益"的原则，使粉煤灰综合利用工作有法可依，走上了快速发展的道路；《关于进一步开展资源综合利用意见的通知》（国发〔1996〕36号）提出"开展资源综合利用，是我国一项重大的技术经济政策，也是国民经济和社会发展中一项长远的战略方针，对于节约资源，改善环境，提高经济效益，促进经济增长方式由粗放型向集约型转变，实现资源优化配置和可持续发展都具有重要的意义"。2013年，发展改革委等10个部门以联合令形式发布了新修订的《粉煤灰综合利用管理办法》，进一步界定了粉煤灰和粉煤灰综合利用的概念，提出了综合管理的要求和鼓励扶持重点，并明确了相关管理部门的职责，对在新形势下推动粉煤灰综合利用的有序健康发展产生了积极作用。以下是《粉煤灰综合利用管理办法》中几个值得注意的条款。

第三条 本办法所称粉煤灰是指：燃煤电厂以及煤矸石、煤泥资源综合利用电厂（以下称产灰单位）锅炉烟气经除尘器收集后获得的细小飞灰和炉底渣。

第四条 本办法所称粉煤灰综合利用是指从粉煤灰中进行物质提取，以粉煤灰为原料生产建材、化工、复合材料等产品，粉煤灰直接用于建筑工程、筑路、回填和农业等。

第六条 粉煤灰综合利用应遵循"谁产生、谁治理，谁利用、谁受益"的原则，减少粉煤灰堆存，不断扩大粉煤灰综合利用规模，提高技术水平和产品附加值。

第九条 产灰单位须按照《中华人民共和国固体废物污染环境防治法》和环境保护部门有关规定申报登记粉煤灰产生、贮存、流向、利用和处置等情况，同时报同级资源综合利用主管部门备案。

第十条 新建和扩建燃煤电厂，项目可行性研究报告和项目申请报告中须提出粉煤灰综合利用方案，明确粉煤灰综合利用途径和处置方式。

第十一条 新建电厂应综合考虑周边粉煤灰利用能力及节约土地、防止环境污染，避免建设永久性粉煤灰堆场（库），确需建设的，原则上占地规模按不超过 3 年储灰量设计，且粉煤灰堆场（库）选址、设计、建设及运行管理应当符合《一般工业固体废物贮存、处置场污染控制标准》（GB 18599—2001）等相关要求。

第十六条 鼓励对粉煤灰进行以下高附加值和大掺量利用：（一）发展高铝粉煤灰提取氧化铝及相关产品；（二）发展技术成熟的大掺量粉煤灰新型墙体材料；（三）利用粉煤灰作为水泥混合材并在生料中替代黏土进行配料；（四）利用粉煤灰作商品混凝土掺合料等。

第十七条 鼓励产灰单位对粉煤灰进行分选加工，生产的符合国家或行业标准的成品粉煤灰，可以适当收取费用，其收费标准根据加工成本和质量，由产、用灰双方商定。鼓励产灰单位与用灰单位签订长期供应协议。

《粉煤灰综合利用管理办法》第四条确立了粉煤灰综合利用的 3 种方式：（1）进行物质提取；（2）以粉煤灰为原料生产建材、化工、复合材料等产品；（3）粉煤灰直接用于建筑工程、筑路、回填和农业等。

第十六条鼓励对粉煤灰进行以下高附加值和大掺量利用。

在第十七条鼓励产灰单位对粉煤灰进行分选加工，生产符合国家或行业标准的成品粉煤灰。

2016 年 12 月 25 日公布的《中华人民共和国环境保护税法》自 2018 年 1 月 1 日起实施[6]，2018 年 10 月 26 日第十三届全国人民代表大会常务委员会第六次会议进行了修订。第二条规定，在中华人民共和国领域和中华人民共和国管辖的其他海域，直接向环境排放应税污染物的企业事业单位和其他生产经营者为环境保护税的纳税人，应当依照本法规定缴纳环境保护税；第四条第（二）项规定，企业事业单位和其他生产经营者在符合国家和地方环境保护标准的设施、场所贮存或者处置固体废物的，不属于直接向环境排放污染物，不缴纳相应污染物的环境保护税；第五条规定，企业事业单位和其他生产经营者贮存或者处置固体废物不符合国家和地方环境保护标准的，应当缴纳环境保护税；第七条规定，应税固体废物按照固体废物的排放量确定；第十二条规定，纳税人综合利用的固体废物，符合国家和地方环境保护标准的，暂予免征环境保护税；第十六条规定，纳税义务发生时间为纳税人排放应税污染物的当日；第十七条要求，纳税人应当向应税污染物排放地的税务机关申报缴纳环境保护税；第十八条规定，环境保护税按月计算，按季申报缴纳，不能按固定期限计算缴纳的，可以按次申报缴纳。以下是有关固废的环境保护税税目税额表，如表4-2所示。生产经营者贮存或者处置粉煤灰不符合国家和地方环境保护标准将征收25元/t的环境保护税。

表4-2 有关固体废物的环境保护税税目税额表

	税项	税额/（元/t）
	煤矸石	5
固体废物	尾矿	15
	危险废物	1000
	冶炼渣、粉煤灰、炉渣、其他固体废物（含半固态、液态废物）	25

另外，与粉煤灰相关的标准《一般工业固体废物贮存、处置场污染控制标准》（GB 18599—2001）规定了一般工业固体废物分类、贮存处置场的选址、设计、运行管理、关闭与封场，以及污染控制与监测等要求[7]。以下是相关的条文。

3 定义：

3.2 第Ⅰ类一般工业固体废物：按照GB 5086规定方法进行浸出试验而获得的浸出液中，任何一种污染物的浓度均未超过GB 8978最高允许排放浓度，且pH值在6~9范围之内的一般工业固体废物。

3.3 第Ⅱ类一般工业固体废物：按照GB 5086规定方法进行浸出试验而获得的浸出液中，有一种或一种以上的污染物浓度超过GB 8978最高允许排放浓度，或者是pH值在6~9范围之外的一般工业固体废物。

3.4 贮存场：将一般工业固体废物贮存于符合本标准规定的非永久性的集中堆放场所。

3.5 处置场：将一般工业固体废物处置于符合本标准规定的永久性的集中堆放场所。

4 贮存、处置场的类型：贮存、处置场划分为Ⅰ和Ⅱ两个类型。

堆放第Ⅰ类一般工业固体废物的贮存、处置场为第一类，简称Ⅰ类场。

堆放第Ⅱ类一般工业固体废物的贮存、处置场为第二类，简称Ⅱ类场。

5 场址选择的环境保护要求

5.2 Ⅰ类场的其他要求：应优先选用废弃的采矿坑、塌陷区。

5.3 Ⅱ类场的其他要求

5.3.1 应避开地下水主要补给区和饮用水源含水层。

5.3.2 应选在防渗性能好的地基上。天然基础层地表距地下水位的距离不得小于1.5m。

如何突破目前粉煤灰固废综合利用的思路，是解决粉煤灰固废用储最重要的途径之一。中华人民共和国环境保护部在2017年8月31日发布的国家标准《固体废物鉴别标准 通则》（GB 34330—2017）中，明确表明利用固体废物生产的产物同时满足下述条件的，不作为固体废物管理，按照相应的产品管理。这就是粉煤灰资源化的依据[8]。

（1）符合国家、地方制定或行业通行的被替代原料生产的产品质量标准；

（2）符合相关国家污染物排放（控制）标准或技术规范要求，包括该产物生产过程中排放到环境中的有害物质限值和该产物中有害物质的含量限值；当没有国家污染控制标准或技术规范时，该产物中所含有害成分含量不高于利用被替代原料生产的产品中的有害成分含量，并且在该产物生产过程中，排放到环境中的有害物质浓度不高于利用所替代原料生产产品过程中排放到环境中的有害物质浓度，当没有被替代原料时，不考虑该条件；

（3）有稳定、合理的市场需求。

在美国方面，美国环保署在2016年10月颁布的最终规则"化石燃料燃烧废弃物的监管决定"确定了粉煤灰属于一般固废，同时对利用分为2类：包封利用与非包封利用[9]。包封利用，例如混凝土等；而非包封利用，例如无强度的回填。如果是非包封利用，同时是在非道路利用，而且一次用量不小于12400t，则需要证明对水、土壤以及空气没有影响。美国环保署的最终规则与我们的《固体废物鉴别标准 通则》一样，"利用"必须具有以下3个条件：

（1）提供功能性的利益；

（2）取代原有的物质或者材料；

（3）满足产品性能要求或者设计标准。

中国对于粉煤灰的利用居于世界领先地位，不但利用量大、利用率高、应用面广，而且标准多，共有37个标准，含9个国家标准（表4-3）、13个行业标准（表4-4）以及15个地方标准（表4-5）。在这37个标准中有22个建材方面的标准、7个检测标准、1个港口工程、2个路面基层以及5个其他方面的标准，但仍然缺乏基本的原料分类标准以及更广泛的产品应用标准。

表4-3　粉煤灰相关的国家标准

标准编号	标准名称
GB/T 50146—2014	粉煤灰混凝土应用技术规范
GB/T 1596—2017	用于水泥和混凝土中的粉煤灰
GB/T 27974—2011	建材用粉煤灰及煤矸石化学分析方法
GB/T 29423—2012	用于耐腐蚀水泥制品的碱矿渣粉煤灰混凝土
GB 26541—2011	蒸压粉煤灰多孔砖
GB/T 36535—2018	蒸压粉煤灰空心砖和空心砌块
GB/T 18736—2017	高强高性能混凝土用矿物外加剂
GSB 08 - 2056—2018	粉煤灰细度标准样品
GSB 08 - 2539—2016	粉煤灰游离氧化钙成分分析标准样品

注：9个国家标准（建材6、检测3）。

表4-4　粉煤灰相关的行业标准

标准编号	标准名称
DL/T 867—2004	粉煤灰中砷、镉、铬、铜、镍、铅和锌的分析方法（原子吸收分光光度法）
DL/T 498—1992	粉煤灰游离氧化钙测定方法
DL/T 1656—2016	火电厂粉煤灰及炉渣中汞含量的测定
DL/T 5532—2017	粉煤灰试验规程
DL/T 5055—2007	水工混凝土掺用粉煤灰技术规范
CECS 256—2009	蒸压粉煤灰砖建筑技术规范
JC/T 239—2014	蒸压粉煤灰砖
JC/T 409—2016	硅酸盐建筑制品用粉煤灰
JC/T 862—2008（2015）	粉煤灰混凝土小型空心砌块
YS/T 786—2012	赤泥粉煤灰耐火隔热砖
JTJ/T 260—1997	港口工程粉煤灰填筑技术规程
SY/T 7290—2016	石油企业粉煤灰综合利用技术要求
JB/T 11649—2013	粉煤灰分选系统

注：13个行业标准（建材6、检测4、港口1、其他2）。

表 4-5　粉煤灰相关的地方标准

标准编号	标准名称
DB13（J）41—2003	粉煤灰块体砌体结构技术规程
DB13/T 1057—2009	改性粉煤灰砖和空心砌砖
DB13/T 1058—2009	改性粉煤灰实心保温墙板
DB13/T 1510—2012	流态粉煤灰水泥混合料施工技术指南
DB21/T 1837—2010	蒸压粉煤灰砖建筑技术规程
DB22/T 470—2009	石灰粉煤灰稳定材料路面基层底基层技术规范
DB35/T 1130—2011	粉煤灰（陶粒）小型空心砌块
DB42/T 268—2012	蒸压粉煤灰加气混凝土砌块工程技术规程
DB21/T 2031—2014	粉煤灰激发剂
DB14/T 1217—2016	粉煤灰与煤矸石混合生态填充技术规范
DB15/T 1225—2017	硅钙渣粉煤灰稳定材料路面基层应用规范
DB52/T 1037—2015	非承重蒸压粉煤灰多孔砖
DB53/T 739—2016	电厂煤粉炉粉煤灰（F 类）
DB31/T 932—2015	粉煤灰在混凝土中应用技术规程
DG/TJ 08-230—2006（2011）	粉煤灰混凝土应用技术规程

注：15 个地方标准（建材 10、道路 2、其他 3）。

我国采取了一系列所得税优惠（表 4-6）及增值税减免（表 4-7）政策，推进粉煤灰综合利用发展。《资源综合利用企业所得税优惠目录（2008 年版）》（财税〔2008〕117 号）规定，生产国家非限制和禁止并符合国家和行业相关标准的产品取得的收入，减按 90% 计入收入总额，目录包括以 70% 以上的煤矸石、粉煤灰为原料生产的砖（瓦）、砌块、墙板类产品、石膏类制品以及商品粉煤灰。

表 4-6　1994—2009 年与粉煤灰相关的所得税政策

年份	名称	相关内容
1994	《关于企业所得税若干优惠政策的通知》（财税字〔1994〕001 号）	企业利用废渣等废弃物为主要原料进行生产的，可在五年内减征或者免征所得税
2008	《中华人民共和国企业所得税法》	1. 企业综合利用资源，生产符合国家产业政策规定的产品所取得的收入，可以在计算应纳税所得额时减计收入 2. 企业购置用于环境保护、节能节水、安全生产等专用设备的投资额，可以按一定比例实行税额抵免
2008	关于公布《资源综合利用企业所得税优惠目录（2008 年版）》的通知（财税〔2008〕117 号）	企业以《资源综合利用企业所得税优惠目录》规定的资源作为主要原料，生产国家非限制和禁止并符合国家和行业相关标准的产品取得的收入，减按 90% 计入收入总额 1. 共生、伴生矿产资源，以 100% 的煤系共生、伴生矿产资源、瓦斯为原料生产的高岭岩、膨润土、电力、热力及燃气 2. 废水（液）、废气、废渣，以 70% 以上的煤矸石粉煤灰为原料生产的砖（瓦）、砌块、墙板类产品、三个类品以及商品粉煤灰

年份	名称	相关内容
2008	关于执行《资源综合利用企业所得税优惠目录有关问题》的通知（财税〔2008〕47号）	企业以《资源综合利用企业所得税优惠目录》规定的资源作为主要原材料。生产国家非限制和禁止并符合国家和行业相关标准的产品取得的收入，减按90%计入收入总额
2009	《关于资源综合利用企业所得税优惠管理问题的通知》（国税函〔2009〕185号）	企业以《资源综合利用企业所得税优惠目录》规定的资源作为主要原材料。生产国家非限制和禁止并符合国家和行业相关标准的产品取得的收入，减按90%计入收入总额

表4-7　1996—2013年与粉煤灰相关的税收优惠政策

年份	名称	相关内容
1996	《关于继续对部分资源综合利用产品等实行增值税优惠政策的通知》（财税字〔1996〕20号）	免征增值税的建材产品包括以其他废渣为原料生产的建材产品
2001	《关于继续对部分资源综合利用产品等实行增值税优惠政策的通知》（财税〔2001〕198号）	1. 在生产原料中掺有不少于30%的煤矸石、粉煤灰生产的水泥，实行增值税即征即退 2. 部分新型墙体材料产品，实行按增值税应纳税额减半征收
2008	《关于资源综合利用及其他产品增值税政策的通知》（财税〔2008〕156号）	1. 免征：生产原料中掺兑比率不低于30%的特定建材产品实行〔特定建材产品是指砖（不含烧结普通砖）、砌块、陶粒、墙板、管材、混凝土、道路井盖、道路护栏、防水材料、耐火材料、保温材料、矿（岩）棉〕 2. 即征即退：采用旋窑法工艺生产并生产原料中掺兑废渣比率不低于30%的水泥（包括水泥熟料） 3. 即征即退50%：部分新型墙体材料产品，具体范围参见《享受增值税优惠政策的新型墙体材料》执行
2009	《关于资源综合利用及其他产品增值税政策的补充的通知》（财税〔2009〕163号）	水泥生产原料中掺兑废渣比率不低于30%。调整了掺兑废渣比率计算公式
2011	《关于调整完善资源综合利用产品及劳务增值税政策的通知》（财税〔2011〕115号）	以粉煤灰、煤矸石为原料生产的氧化铝、活性硅酸钙，生产原料中上述资源的比重不低于25%，实行增值税即征即退50%的政策
2013	《关于享受资源综合利用增值税优惠政策的纳税人执行污染物排放标准有关问题的通知》（财税〔2013〕23号）	享受资源综合利用产品及劳务增值税退税、免税政策的，其污染物排放必须达到相应的污染物排放标准

　　2015年，财政部、国家税务总局印发《资源综合利用产品和劳务增值税优惠目录》（财税〔2015〕78号），明确利用粉煤灰和炉渣生产水泥、水泥熟料及其他建材墙材，以及氧化铝、活性硅酸钙等可享受增值税即征即退（表4-8）。

表 4-8 《资源综合利用产品和劳务增值税优惠目录》相关规定

综合利用资源	综合利用产品和劳务名称	技术标准和相关条件	退税比率（％）
废渣	砖瓦（不含烧结普通砖）、砌块、陶粒、墙板、管材（管桩）、混凝土、砂浆、道路井盖、道路护栏、防火材料、耐火材料（镁铬砖除外）、保温材料、矿（岩）棉、微晶玻璃、U型玻璃	产品原料70％以上来自所列资源	70
废渣	水泥、水泥熟料	1. 42.5及以上等级水泥的原料20％以上来自所列资源，其他水泥、水泥熟料的原料40％以上来自所列资源 2. 纳税人符合《水泥工业大气污染物排放标准》（GB 4915—2013）规定的技术要求	70
粉煤灰、煤矸石	氧化铝、活性硅酸钙、瓷绝缘子、煅烧高岭土	氧化铝、活性硅酸钙生产原料25％以上来自所列资源	50

相关政策文件对粉煤灰利用的限制表现在以下几个方面：

（1）新建燃煤电厂不得兴建永久性粉煤灰堆场（库），须建设临时堆场（库）的，其占地规模不超过3年储灰量。

（2）任何单位及个人不得擅自在堆场（库）非指定区域内取灰。

（3）粉煤灰储存、运输及综合利用过程不得产生二次污染。

（4）不得采用国家已明确淘汰的落后技术、工艺、设备。

（5）不符合国家相关产品质量标准的粉煤灰综合利用产品不得进入市场。

5 粉煤灰利用现况

在 2008 年及以后，中国成为世界上最大的粉煤灰生产国，每年生产的粉煤灰约占全世界产量的一半。根据世界燃煤副产物联盟在 2017 年世界粉煤灰会议中报道的 2015 年粉煤灰产量与利用率的统计（表 5-1）[10]，我国粉煤灰的年产量约占世界总量的 49.4%，而利用率为 70.1%，高于全球的平均利用率 60.1%。在粉煤灰产量前 3 名的国家中，我国总产量高于美国和印度的总和，利用率也高出两个国家 14% 以上。

我国与美国之间，除了量的差异，在利用领域方面，有相同之处，也有相当的差异，在混凝土的应用分别占总利用率的 60% 和 50%，非常接近，但在其他方面差异比较大。在建筑方面分别为 26% 和 4%，道路方面分别为 5% 和 11%，农业和回填分别为 5% 和 31%，而其他利用分别为 4% 和 5%。可见中国在建材方面接近 86% 利用率，而美国只有 54%，但在道路和回填约 42%，是值得我们努力的方向。

表 5-1 2008 年和 2015 年世界粉煤灰产量和利用率

国家和地区	2008 年粉煤灰产量、占有率、利用率			2015 年粉煤灰产量、占有率、利用率		
	产量（万 t）	占有率（%）	利用率（%）	产量（万 t）	占有率（%）	利用率（%）
中国	39500	51	67	56500	49.4	70.1
印度	10500	14	13	24000	21.0	56.3
美国	11800	15	42	11700	10.2	52.1
欧盟	5300	7	91	10500	9.2	45.2
非洲和中东	3200	4	11	3300.3	2.9	13.2
俄罗斯	2700	3	19	2600.6	2.3	18.8
其他亚洲国家	1700	2	67	2500.3	2.2	77.1
澳大利亚	1300	2	46	1200.2	1.1	39.3
日本	1100	1	96	1200.6	1.1	96.8
加拿大	700	1	34	600.2	0.5	27.4
总计或平均	77700	100	54	114300.2	100.0	60.1

5.1 国内粉煤灰利用情况

2014 年，我国粉煤灰产量约 5.4 亿 t，综合利用量 3.78 亿 t，综合利用率 70%（表 5-2）。《国民经济和社会发展第十二个五年规划纲要》明确要求，到 2015 年，我国工业固体废物综合利用率要达到 72%。《中国制造 2025》（国发〔2015〕28 号）规划了固体废物综合利用率在 2020 年达到 73%，2025 年达到 79%。根据表 5-2 可知，我国目前粉煤灰的综合利用率已达到 72% 左右，但是要达到甚至超过 79% 利用率目标，则需要提高偏远地区电厂（利用途径有限）和循环流化床电厂（灰渣量高及其高硫高钙问题）的利用率。

表 5-2 2010—2015 年我国粉煤灰综合利用情况

年份	粉煤灰产生量（亿 t）	粉煤灰综合利用率（%）	粉煤灰综合利用量（亿 t）
2010	4.80	68%	3.26
2011	5.40	68%	3.67
2012	5.50	69%	3.80
2013	5.80	69%	4.00
2014	5.40	70%	3.78
2015	5.66	70%	3.96

根据发展改革委发布的《中国资源综合利用年度报告（2014）》数据显示，2013 年我国粉煤灰用于水泥生产约 1.76 亿 t，占利用总量的 44%；用于生产商品混凝土 6400 万 t，占利用总量的 16%；用于生产墙体材料 1.12 亿 t，占利用总量的 28%；用于筑路、农业和矿物提取等高附加值利用各占 5%、3% 和 4%（图 5-1）。

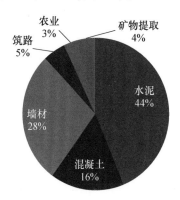

图 5-1 2013 年粉煤灰主要利用途径

5.2 国外粉煤灰利用情况

5.2.1 美国

美国过去的电力结构与中国相似，以火电为主，2008 年美国火力发电量占到总发电量的 48.8%，但近年来，由于油和天然气价格降低以及环保意识的提高，燃煤电厂数量逐年下降。美国一般将燃煤副产物（CCP）分为四种，飞灰（即本书所称的粉煤灰）、底灰（bottom ash）、炉渣（boiler slag）和烟气脱硫石膏（flue gas desulfurized gypsum）。根据美国煤灰协会（ACAA）最新统计数据显示，美国粉煤灰（fly ash）年产量 5000 万 t，利用率 46%；底渣（bottom ash）年产量 1300 万 t，利用率 48%；脱硫石膏年产量 3400 万 t，利用率 49%。煤燃烧副产物总计年产生量 1.25 亿 t，总利用率 48%。总体来说，美国粉煤灰综合利用率不高，处置方式以填埋为主。但美国对粉煤灰堆放有严格的管理标准，企业要切实采取有关措施保证其不产生环境污染和危害，如压实回填土覆盖等措施。

粉煤灰主要利用方向：①城建工程，替代土和砂；②水泥和聚合物的混合填充物；③混凝土产品，可提高机械强度和耐火性；④道路工程，主要用于铺路；⑤建筑材料原料，主要用于制砖瓦，粉煤灰建材产品相对于传统产品质量较轻、热绝缘性好、收缩性能好，并且更抗冻。粉煤灰的大宗利用主要集中在建材和筑路等方面。建材方面包括粉煤灰砖、瓦等墙面材料；利用 F 级粉煤灰制造过火砖；利用粉煤灰与纤维合成复合材料生产墙体材料；以 100% 粉煤灰生产高性能砌块；以燃煤副产物为主的复合材料制作电线杆替代木制电线杆可以具有防火、防虫、防水、坚固等优点；以脱硫石膏和 C 级粉煤灰制造的水泥混合制作填充材料替代石灰石应用于海事工程等。目前，美国烧结砖的主要成分是粉煤灰 20%，页岩 60%，黏土 20%。在道路建设方面，采用沥青混凝土添加粉煤灰铺路，可延长使用年限，环保又经济，可用于美国 160 万 mile（mile 为英里，1mile=1.609km）的砂砾路改造和修复。粉煤灰应用领域也逐步扩大，且效果显著，如以下例子：

（1）在冶金领域：粉煤灰代替铸造砂用于汽车模具制造。例如，在翻砂模具中用飞灰制造公共汽车的铸件等。

（2）在化工领域：特别在精细化工领域，作为化纤地毯底衬等聚合物的填充物。

（3）用于农业方面：利用粉煤灰含有碱金属性质改良土壤，有效提高土地利用率。但由于粉煤灰中重金属含量较高，用于土壤改良后，其重金属元素有可能会被农作物吸收富集，然后随食物链转移到人体造成健康影响，所以这方面的应用我国一直未推广。美国研究人员对种植在粉煤灰改良过的土壤中不同农作物的重金属含量进行了分析研究，研究成果充分说明不同农作物对粉煤灰中所含重金属的富集作用不同，而且富集部位也不同，对于籽粒不富集的农作物，种植在粉煤灰改良过的土壤后，基本不会产生重金属过量的食物链危害。

（4）在充填采矿区方面：这一利用方式，我国基本很少采用，美国研究人员对粉煤灰充填采矿空洞后对充填地区地下水水质的影响做了充分细致的研究。充填后 1 年，多个充填地区 44 项水质指标充填前后的对比结果显示，粉煤灰充填采矿空洞对改善酸性水效果很好，可有效控制土壤微量元素的变化。研究人员认为，用粉煤灰充填采矿空洞的方式改善地下水水质经济可行。同时，美国还在粉煤灰用于露天矿土地复垦、处理矿坑的闭矿以及聚合物充填物应用方面做了一些有益探索，值得借鉴。在西佛吉尼亚州的露天煤矿开采回填，粉煤灰得到了很好的利用，灰场植被恢复，且回填后的粉煤灰对地表层形成了保护膜，有效解决了当地矿井水酸性高的问题。

美国与中国在燃煤副产物立法上存在的主要差别有：①美国没有统一的管理办法，管理权下放各州；②对于燃煤副产物 CCP 可能对环境以及人体健康产生的影响研究细致、具体，给粉煤灰的利用制定了严格的规范；③没有财政、税收方面的鼓励政策。政府仅对购置粉煤灰综合利用科研设备的投入给予免税，美国粉煤灰综合利用主要靠市场化的手段，通过经济杠杆促进企业对粉煤灰进行综合利用。由于人工成本过高等因素，电厂粉煤灰的处理一般以整体外包的形式为主，外包公司在粉煤灰综合利用领域充当重要的平台和媒介，不但负责粉煤灰填埋处理，也承担了提高粉煤灰综合利用效益的责任。以 Boral 公司为例，其作为粉煤灰综合利用企业，通常的运作模式是由公司为燃煤电厂产生的粉煤灰提供专业化服务，买断粉煤灰处置权，通常服务期为 3～5 年，收取处置费 20～25 美元/t。

美国粉煤灰在大宗量方面的应用，比欧洲国家稍晚，但到 20 世纪 80 年代仍占有很大的比率，1985 年在回填方面的应用达 675.2 万 t，占总利用量的 38.8%，1991 年粉煤灰排放量为 8061.3 万 t，利用量为 2010.8 万 t，其中结构回填和路堤利用为 458.5 万 t（不计回填造地），占总利用量的 22.8%。

5.2.2 印度

印度粉煤灰从 1998 年利用量为 200 万 t，产量超过 1000 万 t，利用率小于 2%，到 2008 年利用量提高到 1450 万 t，年排放量提高到 1.05 亿 t，利用率也提升到 13.8%，而 2015 年利用量达到 1.35 亿 t，年排放量为 2.4 亿 t，利用率高达 56%，产量与利用量仅次于中国。

印度粉煤灰主要用于生产建材产品（如水泥、粉煤灰砖等）、筑路、筑坝以及矿井回填和填沟造地等。其中，水泥工业是粉煤灰的最大用户，利用了 5700 万 t 粉煤灰。同时，还有 1100 万 t 粉煤灰用于替代水泥、粉煤灰制砖 600 万 t、矿井回填 1400 万 t、填沟造地 1200 万 t、修筑路堤 1100 万 t 左右、堤岸或码头 800 万 t、农业和林业 100 万 t。鼓励发展粉煤灰水泥等建材产品，减少石灰石开采和黏土的挖掘，也可减少水泥烧结过程中的二氧化碳排放，在水泥中利用约 5000 万 t 粉煤灰可替代等量熟料，减少了石灰石的消耗，并减少了 5000 万 t 二氧化碳的排放。

5.2.3 日本

日本 1994 年的粉煤灰排放量为 652.6 万 t（其中，电力行业 472.5 万 t，一般行业 180.1 万 t）。1994—1998 年增幅较缓，1999—2005 年增幅明显，2005 年之后呈增减不定趋势。2011 年的粉煤灰排放量为 1157.2 万 t，其中，电力行业约占 74%，综合利用量为 1137 万 t，填埋量为 20.1 万 t，综合利用率达 98.3%。

日本政府鼓励和推动政府与企业间的合作，大力开展粉煤灰综合利用技术的开发和推广，1955 年首先在大坝中使用粉煤灰。1955—1968 年共建筑了 27 座粉煤灰混凝土水坝，而后在工民建筑、道路、桥梁等工程中大量应用。迄今为止，日本粉煤灰的利用范围很广，如建筑材料、土木工程、公路路基材料、肥料、地基改良剂等。2011 年粉煤灰综合利用量 1137 万 t，其中，水泥行业 763.3 万 t，土木工程 154.5 万 t，建筑领域 37 万 t，农林水产 9.4 万 t，其他行业 172.8 万 t，用途广泛。近年来在农业和环保方面利用的比率也在增大，而且前景看好。

日本政府在 2000 年 6 月开始实施的《循环型社会形成推进基本法》和 2005 年 4 月 1 日开始实施的《废弃物处理法》中规定，不法投弃燃煤废渣的企业，应依法受到处罚和有清洗被污染现场使其恢复原状的义务。另外，政府在能源供给结构改革、促进财政投资的税收制度中，关于粉煤灰的再生处理设备投资给予减税和退税的优惠，凡是用于将粉煤灰转化为水泥、混凝土等建筑材料或者排烟脱硫用脱硫剂的设备投资，从所得税或者法人税中减除相当于设备投资额 7% 的税额。另外，所得税税额 30% 予以退税优惠。政府在税收上对从事粉煤灰利用途径和相关技术的科学研究及技术开发活动，给予相当于研究经费 6% 的减税待遇。

6 粉煤灰综合利用技术

我国粉煤灰综合利用技术主要集中于建筑材料、基础设施、农业、化工、环境保护 5 个产品类别（表 6-1）。

表 6-1 粉煤灰综合利用途径表

产品大类	方向	应用途径	技术成熟度	粉煤灰消纳潜能对比	利用条件
建筑材料	水泥工业	生料配料和水泥活性混合材	★★★★	●●●●●	烧失量≤8%；含水量≤1%；SO$_3$≤3.5%；游离氧化钙≤4%；强度活性系数≥70%
	商品混凝土砂浆	节约水泥，改善混凝土和砂浆性能	★★★★	●●●●●	以45μm筛余量的细度要求：Ⅰ级≤12%、Ⅱ级≤25%、Ⅲ级≤45%；需水量比：Ⅰ级≤95%、Ⅱ级≤105%、Ⅲ级≤115%；SO$_3$≤3%；游离氧化钙<4%
	新型墙体材料	烧结或蒸压粉煤灰砖、粉煤灰混凝土砌块和墙板、粉煤灰陶粒、粉煤灰硅酸钙板、粉煤灰泡沫砖、陶瓷砖、ALC板材等	★★★★	●●●●●	品种多、要求不尽相同
	其他	泡沫混凝土、粉煤灰拒水粉、泡沫玻璃保温材料、无卤阻燃剂和无机圆珠填料等	★★★	●●	品种多、要求不尽相同
基础设施	筑路	路基、路堤等	★★★★	●●●●●	用于高速公路、一级公路路堤的粉煤灰烧失量宜<20%
	回填	代替部分水泥、黏土填充矿井及煤矿坍塌区	★★★★	●●●●	无特殊要求
	其他	机场、水库等填筑	★★★	●●	粉煤灰中SiO$_2$、Al$_2$O$_3$和Fe$_2$O$_3$总含量>70%；烧失量≤20%；粉煤灰比表面积宜>2500cm^2/g；采用湿灰时，含水量应≤35%

产品大类	方向	应用途径	技术成熟度	粉煤灰消纳潜能对比	利用条件
农业	土壤改良	向土壤中适量施加，改善土壤物化性质，提高土壤肥力	★★★★	●●	需为湿法排灰并经一年以上风化；粉煤灰中污染物控制应符合有关标准要求
	农药添加剂	替代部分肥料添加剂，制作磁化肥、微生物复合肥、硅肥、氮磷肥、农药等	★★★	●●	符合有关标准要求
化工	提铝系列	提取氧化铝生产环保净水剂聚合氯化铝类产品	★★	●●	一般要求为高铝灰，即 SiO_2、Al_2O_3 和 Fe_2O_3 总含量 >80%，且 Al_2O_3 含量要大于38%
	提取贵金属元素	提取镓、稀土氧化物、二氧化锗、镍、镓、钯等	★	●	该类元素需达到精细开发的基本要求
	提硅、选铁	生产白炭黑和提取三氧化二铁	★★	●●	选铁用粉煤灰一般要求 Fe_2O_3 含量 >5%
	合成分子筛	粉煤灰合成沸石分子筛可用于化工行业、废水处理、废气治理等	★	●	一般要求粉煤灰中 SiO_2 和 Al_2O_3 含量越高越好
	橡塑复合材料	粉煤灰作为无机填料与高分子材料融合，生产新型材料	★★★	●●	一般要求粉煤灰中 Al_2O_3 含量低于40%
	造纸	作为纸张填料	★★	●●	无特殊要求
	其他	粉煤灰复合高温陶瓷涂层技术、粉煤灰微珠复合材料、粉煤灰微珠细末分离技术	★★	●	无特殊要求
环境保护	污水处理	通过物理吸附去除废水中有害物质	★★★	●●	无特殊要求
	燃煤烟气净化	制作脱氮吸附剂和钙基脱硫剂等进行燃煤烟气净化	★★	●●	CaO 含量大于10%

注：★★★★表示技术成熟，广泛应用；★★★表示技术基本成熟，小范围推广；★★表示技术尚在完善，致力于向产业化转化；★表示技术尚不成熟，处于试验阶段。
●●●●●表示粉煤灰消纳量很高；●●●●表示粉煤灰消纳量较高；●●●表示粉煤灰消纳量一般；●●表示粉煤灰消纳量较低；●表示粉煤灰消纳量很低。

    以下是粉煤灰用于建材行业；陶粒、陶瓷砖等陶瓷行业；回填、道路、农业以及高价值利用方面的介绍。

6.1 粉煤灰用于建材行业

我国 2011 年粉煤灰的排放量已超过 5 亿 t，综合利用率也逐步达到了 68%，主要的应用包括建材（86%）、道路（5%）、农业（5%）、回填和矿物提取（4%）。粉煤灰在建材方面消耗的情况：20.9 亿 t 水泥约用 1.5 亿 t、7.4 亿 m³ 商用混凝土约用 7100 万 t、新型墙材约用 9600 万 t。粉煤灰用于水泥混合材、砂浆或混凝土必须满足《用于水泥和混凝土中的粉煤灰》（GB/T 1596—2017）的要求。

粉煤灰在水泥方面的应用是取代黏土（掺入粉煤灰 10%~15%、所有粉煤灰都可以）当水泥原料，也可以作水泥混合材。根据通用硅酸盐水泥规定，可在粉煤灰水泥中掺 20%~40%，而复合水泥可掺 20%~50%。粉煤灰可减少水泥熟料及石灰石用量，降低水泥生产成本，但掺量大时，粉煤灰活性低，早期强度会显著降低。一般用物理或化学激活，来提高粉煤灰活性。目前主要物理激活技术包括超细球磨粉磨技术（Ⅱ级灰，在 42.5 水泥中可达到 35%~45% 掺量）和 EMC 的振动磨粉磨技术（高钙灰，可达到 50%~75% 掺量）。化学激活包括酸激发、碱激发、硫酸盐激发、氯盐激发和晶种激发等。还有与熟料、石膏或水泥和化学剂共同粉磨的组合激发技术，可达到 55% 掺量（加拿大）、90% 掺量（美国）、60%~70% 掺量（中国重庆市建筑科学研究院）、40%~60% 掺量（重庆大学和西南科技大学）、45%~67% 掺量（贵州大学）、60% 掺量（郑州大学）、50% 掺量（中国矿业大学）。由于高生产成本，目前化学或其组合激发尚未能应用在实际生产。

粉煤灰在混凝土中主要用作混凝土矿物掺合料。一般商用混凝土使用不超过 20%~30% 的胶凝材料。粉煤灰取代不同水泥的最大量是根据《粉煤灰混凝土应用技术规范》（GB/T 50146—2014），从高端的预应力钢筋混凝土的 25%~30% 到低端的碾压混凝土的 65%~70% 掺量。高性能混凝土是近年来发展起来的新材料。在混凝土中掺入 30%~60% 粉煤灰取代水泥，可充分发挥粉煤灰的火山灰效应、颗粒形貌效应和微集料效应，能产生胶凝、减水、致密和益化作用，可改善混凝土的和易性、强度，降低水化热，防止混凝土的早期开裂，提高混凝土的抗渗性、抗冻性、抗化学侵蚀性以及抗碱-骨料反应等耐久性，达到高性能混凝土对耐久性、工作性、适用性、强度、体积稳定性、经济性等性能的要求。

我国每年干混砂浆的产量超过 1 亿 t，其中约 3/4 为普通干混砂浆产品，包括砌筑砂浆、抹灰砂浆和找平砂浆；其余为特种干混砂浆产品（2500 万～3000 万 t），包括瓷砖胶（50%）、自流平砂浆（15%）和保温隔热的黏结和抹面砂浆（25%）。粉煤灰在干混砂浆中主要是用来替代一部分胶凝材料，最佳掺量范围为 20%～30%。

粉煤灰作为墙体的原料已有几十年历史和经验，产品有粉煤灰泡沫混凝土制品，蒸养粉煤灰中型密实砌块，小型粉煤灰空心砌块，（蒸养或蒸压）粉煤灰砖（50%～70% 粉煤灰），蒸养、蒸压加气混凝土制品（65%～70% 粉煤灰，取代硅质砂），粉煤灰陶粒（80%～95% 粉煤灰，取代砂），粉煤灰建筑陶瓷砖（40%～90% 粉煤灰，取代陶瓷黏土）等。1 亿块粉煤灰砖消耗掉 18 万～20 万 t 粉煤灰。用于蒸压粉煤灰砖或加气混凝土的粉煤灰要满足《硅酸盐建筑制品用粉煤灰》（JC/T 409—2016）的要求。

6.1.1 粉煤灰用于水泥

我国是世界上最大的水泥生产国，据国家统计局和中国建筑材料联合会数据，2018 年，我国的水泥产量高达 21.8 亿 t，占世界水泥总产量（约 40 亿 t）的 54.5%。2018 年，水泥熟料产量约 14.4 亿 t，熟料系数约为 66%。这意味着以粉煤灰、矿渣粉为主要混合材的水泥工业粉煤灰的利用量仍然是十分巨大的，而且越来越大。粉煤灰用于水泥有两种途径，一是取代黏土用于生料配料；二是作为水泥的活性混合材。2018 年，我国水泥的产量约 21.8 亿 t，消耗粉煤灰约 1.49 亿 t，占粉煤灰总利用率的 41.3%。

水泥生产中生料的配料方案通常都是采用石灰石、黏土、铁粉。由于粉煤灰的化学成分和黏土相近，因此可以用来取代黏土原料生产水泥熟料。利用粉煤灰替代黏土配料时，一方面由于粉煤灰本身经过了高温煅烧过程，省去了黏土熟化所消耗的能量；另一方面，烧失量较高的粉煤灰中往往含有一定数量未完全燃烧的碳粒，能够减少熟料烧成的用煤量，从而能够降低熟料的烧成热耗。与黏土相比，粉煤灰的 SiO_2 含量较低，而 Al_2O_3 含量较高，采用粉煤灰取代黏土后，配制的生料其硅率较低而铝率较高。通常采用高铝率方案和掺用矿化剂来实现粉煤灰的利用。粉煤灰替代黏土用作水泥原料是一项比较成熟的技术。在日本，粉煤灰用作水泥原料是粉煤灰最主要的利用途径。根据日本煤炭能源中心资料，在粉煤灰有效用途中，水泥行业占了约 71%，而其中约 96% 是替代黏土用作水泥原料。但是在我国，将粉煤灰用作水泥原料并不普遍。早在 20 世纪 80 年代，我国就已有企业将粉煤灰用于水泥生料配料并取得了较好的效果。目前国内只有极少数水泥制造企业在生产配料时利用粉煤灰替代黏土，其主要原因包括：

（1）由于粉煤灰比黏土粒度小，黏性低，下料速度快，难控制，造成生料质量波动较大，指标上线数占比率较大，给配料带来困难；在研磨机粉磨过程中，由于粉煤灰中 SiO_2 含量高，颗粒小，流速快，细度有偏粗现象；当粉煤灰含量偏高时，会出现生料磨烘干能力不足的问题等。这些问题使生产工艺比直接使用黏土复杂，生产控制难度更大。

（2）绝大多数情况下，粉煤灰利用成本（包括运输、购买、生产费用）高于黏土利用成本，从经济因素考虑，粉煤灰替代黏土也没有优势。

因此，短期内粉煤灰的此类应用形势（使用量不大）仍然会维持现状。但是，从长远角度上看，粉煤灰用作水泥原料可以消耗工业固废，节约矿产资源，减少环境污染，对于可持续发展具有重要意义。2013年新修订的《粉煤灰综合利用管理办法》中也提出鼓励"利用粉煤灰作为水泥混合材并在生料中替代黏土进行配料"，参照日本等国家的经验，未来粉煤灰替代黏土有较好的发展前景。

用作水泥原料的粉煤灰质量要求相对较低，理论上所有粉煤灰都能应用。但是考虑到经济效益、生产工艺条件等因素，不同情况对粉煤灰有相应的要求，如化学成分、含水量等。在水泥熟料生产中，可直接通过配料计算，确定粉煤灰掺量，一般粉煤灰替代黏土的比率在 10% ~ 15%。

以沈阳市辽中县化工总厂[11]日产 700t 湿法回转窑为例，硅铝质原料原用本地黄褐色黏土，因黏土中硅、铁含量偏低，采用硅砂、铁粉作校正原料。生产中该黏土塑性大，在其挖取、输送、生产过程中，粘、堵现象频繁发生，甚至发生过堵磨现象，给生产造成了很大影响；另黏土中还含有一定数量的石英，对生料的易磨性和易烧性影响极为不利；且碱含量较高，产出的熟料中碱含量也较高。距该化工总厂仅约 10km 的电厂，年排粉煤灰 10 万 t，经跟踪分析，该粉煤灰化学成分与该厂所使用的黏土化学成分十分相近，且非常稳定，因此进行了用该粉煤灰代黏土的生产探索。首先经试验测定该粉煤灰中的碳粒在 400℃时开始燃烧，600℃时开始大量燃烧。因链条带物料的温度为 400℃左右，生料中粉煤灰掺量仅为 10% 左右，因此不会对窑尾链条构成威胁，但要注意的是，窑尾温度控制要适宜且稳定，以保证出链物料温度不至于过高。其次，对回转窑预热链条进行工艺技术改造，改变花环链角度，解决了窑尾倒浆问题。此外，试用粉煤灰配料生产期间，注意跟踪观察各工艺参数的变化情况，并采取相应措施及时控制，以稳定回转窑操作。试生产时，采取的是逐步增加粉煤灰代替黏土（替代比率分别为25%、50%、100%）的配料方案，每一方案有一周的过渡期。经1个月的试生产就实现了用粉煤灰全部代替黏土生产硅酸盐水泥熟料，且出窑熟料物理性能优于黏土配料。采用粉煤灰代黏土生产后，生料磨台时产量由原来的平均50.35t/h提高到现在的60t/h以上，按年生料磨运转6000h计，增产46000t以上，出磨料浆水分由平均38.2%降至34.9%；回转窑熟料标准煤耗由218.75kg/t降至179.18kg/t，以公司年产18万t熟料计，可节约标煤7123t，仅此一项每年就可节约100万元左右；回转窑熟料台时产量由原来的平均23.04t/h提高到现在的30.4t/h，按年生产7000h计，年可增产熟料50000t以上。

粉煤灰用作水泥混合材的技术比较成熟。在粉煤灰水泥的生产中，按粉磨工艺分为粉煤灰与水泥熟料共同粉磨和分别粉磨后再混合两种生产工艺[12]。

（1）共同粉磨工艺。共同粉磨是目前大多数水泥厂采用的方式，其好处在于粉磨工艺简单，工厂可以在不添加任何新设备的条件下，利用原有的粉磨工艺生产3种含粉煤灰的硅酸盐水泥，根据国家标准《通用硅酸盐水泥》（GB 175—2007）规定，可添加至少5%但不大于20%的普通硅酸盐水泥，可添加至少20%但不大于40%粉煤灰的粉煤灰硅酸盐水泥，或与其他水泥活性混合料共同可添加至少20%但不大于50%的复合硅酸盐水泥（表6-2）。当粉煤灰掺量小于15%时，粉煤灰还可以起到助磨剂的效果，由于粉煤灰在共同粉磨中经过了磨细作用，粉煤灰的品质实际上得到了一定程度的提高。不利之处在于，当粉煤灰掺量超过20%时，会对水泥的粉磨效果产生负面影响，较大的粉煤灰掺量容易造成球磨机内物料流速的过度加快，不但会影响研磨机的粉磨效率，同时粉煤灰很难磨到足够的细度，造成水泥需水量大和早期强度偏低等质量方面的问题。

（2）分别粉磨后再混合工艺。粉煤灰掺量较大时，采用粉煤灰粉磨再混合的方式更好。采用单独对粉煤灰和熟料进行粉磨，可以根据两种物料的易磨特性找到各自合适的研磨体级配，以控制适当的物料流速而发挥较好的粉磨效果。同时，粉煤灰磨得更细，可以更充分地发挥活性和填充效应。分别粉磨后再混合工艺的不足在于生产线增多，工艺装备增加，出现故障的概率增大，投资也可能更大，不过生产过程的能耗等指标不会比共同粉磨工艺大。

用作水泥混合材的粉煤灰，掺用量需要符合《通用硅酸盐水泥》（GB 175—2007）要求（表6-2），且粉煤灰性质需满足《用于水泥和混凝土中的粉煤灰》（GB/T 1596—2017）中水泥活性混合料的各项要求（表6-3）：普通硅酸盐水泥（大于5%但不超过20%）、粉煤灰硅酸盐水泥（大于20%但不超过40%）以及复合硅酸盐水泥（含两种或以上掺合料，大于20%但不超过50%）。

表6-2 《通用硅酸盐水泥》（GB 175—2007）的相关规定

品种	代号	熟料+石膏	粒状高炉矿渣	火山灰质混合材料	粉煤灰	石灰石
硅酸盐水泥	P·Ⅰ	100%				
	P·Ⅱ	≥95%	≤5%			
		≥95%				≤5%
普通硅酸盐水泥	P·O	≥80%且<95%		>5%且≤20%		
矿渣硅酸盐水泥	P·S·A	≥50%且<80%	>20%且≤50%			
	P·S·B	≥30%且<50%	>50%且≤70%			
火山灰质硅酸盐水泥	P·P	≥60%且<80%		>20%且≤40%		
粉煤灰硅酸盐水泥	P·F	≥60%且<80%			>20%且≤40%	
复合硅酸盐水泥	P·C	≥50%且<80%		>20%且≤50%		

表6-3 水泥活性混合材料用粉煤灰的技术要求

项目		技术要求
烧失量（%）	F类粉煤灰	不大于8.0
	C类粉煤灰	
含水量（%）	F类粉煤灰	不大于1.0
	C类粉煤灰	
三氧化硫 SO_3（%）	F类粉煤灰	不大于3.5
	C类粉煤灰	
二氧化硅 SiO_2+三氧化二铝 Al_2O_3+三氧化二铁 Fe_2O_3（%）	F类粉煤灰	不小于70
	C类粉煤灰	不小于50
密度（g/cm³）	F类粉煤灰	不大于2.6
	C类粉煤灰	
游离氧化钙 f-CaO（%）	F类粉煤灰	不大于1.0
	C类粉煤灰	不大于4.0
安定性雷氏夹沸煮后增加距离（mm）	C类粉煤灰	不大于5.0
强度活性指数（%）	F类粉煤灰	不小于70.0

由于粉煤灰的活性比硅酸盐低，随着在水泥中的掺入量增大，水泥的强度，尤其是早期强度会显著降低，从而影响水泥的使用。其主要技术原理是：粉煤灰的形成历经高温，产生部分熔融，在冷却后，其结构中保留一定量的玻璃质物质。粉煤灰中的玻璃质为不规则三维架状结构，主要由硅氧四面体、铝氧八面体或铝氧四面体组成，在常温水或酸性溶液中较稳定。但玻璃质结构能量较高，处于亚稳定状态，具有一定的潜在活性。当与普通硅酸盐水泥混合，并且体系中存在水时，由于普通硅酸盐水泥水化产物 $Ca(OH)_2$ 的作用，使玻璃质网络结构中部分 Si—O 或 Al—O 键断裂，网络空间的聚集度减小，网络缺陷多。即 Ca^{2+} 有机会与带负电的硅氧或铝氧离子团反应，生成水化产物，具有水硬性。但由于粉煤灰的活性较低，因此当粉煤灰掺量较大时，常温下水泥的水化量少，早期强度较低，但由于碱激发效应，长期强度可比水泥高。

为此，国内外就如何提高粉煤灰活性，增加水泥中粉煤灰掺量做了大量研究，并已取得了良好的进展。粉煤灰的激活途径总结起来有三大类：物理激活和化学激活，以及物理和化学共激活。

（1）物理激活

物理激活主要是机械激活，即通过粉磨系统对粉煤灰进行研磨处理，改变粒度分布或增加颗粒比表面积来提高粉煤灰的活性，进而提高粉煤灰在水泥中的掺量。目前国内外较成功的技术主要有以下两个：

①粉煤灰超细粉磨技术

多年来，进行超细粉煤灰制备研究的单位和个人很多，但是大多因为生产成本太高，生产能力太小等因素，只是停留在实验室阶段，无法实现工业化生产。中国建筑材料科学研究总院粉体工程室程伟教授等通过多年的探索，采用特殊设计的球磨粉磨分级系统和闭路工艺，实现了超细粉煤灰的经济化、产业化生产。

产品比表面积可达 $700 \sim 1000m^2/kg$，在保证水泥质量的情况下，42.5 级水泥中粉煤灰掺量可达 35% ~ 45%，32.5 级水泥中可达 55% ~ 65%。同时，该技术对粉煤灰原料的要求不高，只需烧失量达到国标 Ⅱ 级粉煤灰标准，游离氧化钙不能太高但可以略高于 Ⅱ 级粉煤灰标准值。该技术在河南、宁夏等地得到了转化，取得了良好的效果。

②EMC 水泥技术

EMC 水泥技术是瑞典吕勒奥工业大学 Ronin 教授探索出的大掺量粉煤灰水泥生产技术。其核心原理也是通过机械激活的方式，利用独特的振动磨粉磨系统，将粉煤灰加工至特定的粒度分布，通过高能量的撞击，使粒子的结构产生裂纹与错位，进而增加粉煤灰的表面积和活性（粉磨后的粉煤灰参考指标：比表面积约 $7250cm^2/cm^3$ ，$45\mu m$ 筛筛余 3%）。但需要较高的氧化钙含量的粉煤灰。通过 EMC 技术生产的水泥产品，粉煤灰掺量可高达 50% ~75% ，产品在瑞典、美国等国家已得到应用。

（2）化学激活

化学激活是指通过化学添加剂的作用来提高粉煤灰的活性，从而增加粉煤灰在水泥中的掺量。国内外对化学激活方法生产大掺量粉煤灰水泥做了大量研究，并取得了较好的研究成果。粉煤灰的化学激活方法有酸激发、碱激发、硫酸盐激发、氯盐激发和晶种激发等。

加拿大矿物与能源技术中心研究的高掺量粉煤灰水泥中，粉煤灰的量达到了 55%。其做法是：将熟料、石膏和一种超塑化剂（占混合水泥总量的 0.7%）共同粉磨，然后将得到的超塑化剂水泥与 55% 的粉煤灰共同粉磨所得。产品应用研究结果表明，用水泥厂生产的这种高掺量粉煤灰混合水泥配制的混凝土具有优异的力学和耐久性能，和在搅拌站将混凝土单独用作混凝土掺合料配制的高掺量粉煤灰混凝土性能相当。

美国 Cera Tech 水泥制造厂研制出一种粉煤灰掺量高达 90% 的"绿色"水泥。这种"绿色"水泥是由 90% 粉煤灰、5% ASTM I 型波特兰水泥和 5% 的化学添加剂组成。试验证实，由这种粉煤灰掺量特别高的水泥生产的混凝土和用 III 型波特兰水泥和一种高效减水剂配制的混凝土性能相似，而且耐久性更优越，氯离子渗透性和干燥收缩有显著的降低。但也需要较高钙含量的粉煤灰。

在国内，以下科研单位和院校的研究具有一定的代表性[13]。但由于大部分研究成果都还停留在实验室或中试阶段，加上化学药剂价格昂贵，大大提高了企业的生产成本，所以化学激发方法未能在实际生产中得到广泛应用。

重庆市建筑科学研究院和乌克兰国立建筑技术大学胶凝材料研究院共同开发的大掺量粉煤灰水泥技术，通过碱性激发作用激发粉煤灰和矿渣活性，粉煤灰掺量为 60% ~70% ，矿渣掺量为 20% ~30% ，熟料掺量为 10%。激发剂、粉煤灰、矿渣不同掺量可分别配制满足国标普通硅酸盐 42.5 级、52.5 级强度要求的水泥。

重庆建筑大学（现重庆大学）研发的大掺量粉煤灰水泥技术，采用复合外加剂的方法，解决了大掺量粉煤灰水泥早期强度低的弱点。在粉煤灰掺量达 40% ~60% 时，水泥强度等级达到 32.5、42.5、42.5R 的水平。后期强度发展极佳，一年龄期的抗压强度可提高 2~4 个强度等级。

西南工学院（现西南科技大学）完成的大掺量粉煤灰水泥研究，采用激发剂技术，研制成功了粉煤灰掺量达 40% ~60% ，强度等级达

47.7～52.9MPa 的大掺量粉煤灰水泥。该水泥的标准稠度需水量、凝结时间、安定性等物理性能满足国家标准有关要求。

贵州大学开发的"大掺量粉煤灰硅酸盐水泥配制技术"，由粉煤灰（掺量 45%～67%）、水泥熟料、石膏、复合多功能催化剂混合组成，并建设过生产规模超过 1000t/a 的生产线。该产品曾被国家经贸委列为全国资源综合利用重大示范项目。

郑州大学杨久俊等利用以几种碱金属和碱土金属的盐按一定比例复配而成的激发剂来激活粉煤灰制备高掺量粉煤灰水泥。试验结果表明，激发剂能与粉煤灰直接发生反应，生产活性物质，然后吸收液相中的 Ca^{2+} 生成类似普通硅酸盐水泥的水化产物，而且其中的早强成分也能增加粉煤灰的早期活性激发，改善浆体的早期强度。在保证水泥性能指标的前提下，粉煤灰的掺量达到 60%。

中国矿业大学（北京）刘文永等以晶核素为激发剂配制的大掺量粉煤灰水泥，粉煤灰掺量达到 50% 以上，且各项指标达到国家标准要求。晶核素是以 CaO、SiO_2、Al_2O_3、Fe_2O_3 等原料按适当配比磨成细粉，经高温煅烧至部分熔融后形成的水硬性胶凝材料。研究结果表明，当粉煤灰掺量为 50% 和 60% 及晶核素添加量为 3% 时，所制备的粉煤灰水泥，在合适的粉磨细度条件下达到或超过了《通用硅酸盐水泥》（GB 175—2007）中粉煤灰水泥等级 42.5 和 32.5 的标准。

（3）物理和化学共激活

西班牙 Palomo 教授将粉煤灰与少量的外加剂（约 5%），一起球磨到粒径超过 $32\mu m$ 的量不超过 5%，大大提高粉煤灰的活性，可在混凝土中取代 50% 胶凝材料，其 28d 强度高于原粉煤灰掺量的样品，但其 3d 的早期强度，仍然低于原粉煤灰掺量的样品。这个配方中外加剂的成本约 10 元/t 人民币，而球磨成本约为 20 元/t 人民币。对粉煤灰的要求是 $Al_2O_3 \geq 18\%$，$SiO_2 \geq 45\%$，$Fe_2O_3 \leq 8\%$，$LOI \leq 5\%$，以及玻璃相 $\geq 50\%$，但对 CaO 无要求。

北京低碳清洁能源研究所利用分级粉煤灰加少量的固体激发剂开发的高活性掺合料，可取代混凝土中 50% 的胶凝材料，其 3d、7d 以及 28d 的强度均高于原来粉煤灰掺量（20%～35%），还可高于不含粉煤灰的样品。

6.1.2　粉煤灰用于混凝土

混凝土工业是建材工业利用粉煤灰的另一大领域，粉煤灰主要被用作混凝土矿物掺合料。20 世纪 40 年代，美国蒙大拿州的俄马坝工程中粉煤灰的应用，成为粉煤灰混凝土技术发展史中的第一块里程碑。20 世纪 50 年代，粉煤灰在大体积混凝土中的应用就得到了普遍推广。20 世纪 60 年代，粉煤灰混凝土经历了广泛的使用阶段。20 世纪 70 年代以后，开始研发高性能粉煤灰混凝土。20 世纪 80 年代，粉煤灰混凝土技术扩大到钢筋混凝土工程。20 世纪 90 年代，粉煤灰已在高性能混凝土、碾压混凝土、泵送混凝土及大坝混凝土中得到广泛应用。目前，粉煤灰在混凝土工业中的应用技术已十分成熟，并且已经成为现代混凝土中不可缺少的重要原材料。2011 年，商品混凝土的产量约 7.4 亿 m^3，用于商品混凝土的粉煤灰约 7100 万 t，占到了粉煤灰利用总量的 19%。

　　用于混凝土的粉煤灰需满足《用于水泥和混凝土中的粉煤灰》（GB/T 1596—2017）的各项指标Ⅰ级、Ⅱ级的要求（表6-4），且使用的水泥不能是粉煤灰硅酸盐水泥或复合硅酸盐水泥；粉煤灰的投加量根据《粉煤灰混凝土应用技术规范》（GB/T 50146—2014）确定（表6-5）。通常在量大的商业混凝土配方中，粉煤灰掺量不超过 25% ~30%。

表 6-4　拌制混凝土和砂浆用粉煤灰技术要求

项目		技术要求		
		Ⅰ 级	Ⅱ 级	Ⅲ 级
细度（45μm 方孔筛筛余）（%）	F 类	不大于 12.0	不大于 30.0	不大于 45.0
	C 类			
需水量比（%）	F 类	不大于 95	不大于 105	不大于 115
	C 类			
烧失量（%）	F 类	不大于 5.0	不大于 8.0	不大于 10.0
	C 类			
含水量（%）	F 类	不大于 1.0		
	C 类			
三氧化硫（%）	F 类	不大于 3.0		
	C 类			
游离氧化钙（%）	F 类	不大于 1.0		
	C 类	不大于 4.0		
二氧化硅（SiO_2）＋三氧化二铝（Al_2O_3）＋三氧化二铁（Fe_2O_3）（%）	F 类	不小于 70%		
	C 类	不小于 50%		
密度/（g/cm^3）	F 类	不大于 2.6		
	C 类			
强度活性指数（%）	F 类	不小于 70.0		
	C 类			
安定性雷氏夹沸煮后增加距离（mm）	C 类	不大于 5.0		

表 6-5　混凝土中粉煤灰的最大掺量

混凝土种类	硅酸盐水泥		普通硅酸盐水泥	
	水胶凝比≤0.4	水胶凝比>0.4	水胶凝比≤0.4	水胶凝比>0.4
预应力混凝土	30	25	25	15
钢筋混凝土	50	35	35	30
素混凝土	55		45	
碾压混凝土	70		65	

粉煤灰用于混凝土存在以下问题：

（1）粉煤灰混凝土的抗碳化问题[14]。国内绝大多数的试验结果显示，相同条件下，粉煤灰混凝土的碳化深度要高于普通混凝土，且随粉煤灰掺量增加，其碳化深度也将增加，因此粉煤灰混凝土的抗碳化性能相对于普通混凝土较差。提高粉煤灰混凝土抗碳化性能的措施主要有以下几点：

一是采用减水剂或采用磨细粉煤灰，降低水灰比。粉煤灰混凝土的碳化，从 CO_2 的扩散及水分渗透来看，其速度取决于孔隙率及孔隙结构。人们早就论证了初始水灰比对毛细孔的影响，认为混凝土中连续贯通的毛细孔，在硬化的过程中可以自行封闭起来，降低水灰比可以将毛细孔封闭的时间提前，改善孔结构。有试验表明，低水灰比条件下掺57%粉煤灰混凝土的碳化深度几乎可忽略不计。因此，较低的水灰比可保证粉煤灰混凝土的抗碳化性能。

二是采用合适的养护条件。合适的养护条件对于粉煤灰混凝土的抗碳化性也是至关重要的。通过研究养护湿度对粉煤灰混凝土抗渗性的影响，结果表明，潮湿条件下养护时间越长，越有利于抗渗性的提高，在这一点上，粉煤灰混凝土与普通混凝土是类似的；也有试验表明，当养护温度从 20℃ 升高到 80℃ 时，水化产物增加，尤其是 Ca(OH)$_2$ 的增加，提高了碱激发效果，粉煤灰混凝土的抗渗性明显改善，从而提高了其抗碳化性能。而普通混凝土的抗渗性与养护温度的关系正好相反。

三是通过掺加适量的石灰或在合理范围内适当提高单位体积胶凝材料用量，提高混凝土中的碱含量。适量提高碱含量，一方面可以增加 CO_2 的反应物，另一方面可提供后期粉煤灰的火山灰反应所需的大量氢氧化钙，通过二次水化以提高混凝土的密实性，从而有效降低碳化速率。

（2）粉煤灰混凝土的抗冻融能力问题。按照现有标准进行混凝土抗冻试验，粉煤灰混凝土的抗冻能力会出现低于基准混凝土的现象。影响粉煤灰抗冻性的因素主要是强度和含气量。

强度方面，混凝土中用粉煤灰取代水泥后，在早、中期粉煤灰没有充分发挥作用，水化产物减少，毛细孔增多，强度偏低，混凝土抗冻能力较弱；将试验龄期推迟到 60d 甚至 90d，其抗冻能力将显著提高，由抗冻性不合格变为合格[15]。

含气量方面，含气量对混凝土抗冻性的影响比强度更为重要。掺加适量的引气剂可减少甚至完全消除由于掺加粉煤灰取代部分水泥所带来的不利影响，因为引气剂可使混凝土内形成一定数量的孔径为几微米至几十微米的封闭气泡，从而大大改善抗冻性。有关水工混凝土试验表明：在不掺引气剂时，水灰比为 0.45 的普通水泥混凝土只能经受 50 次冻融循环，而掺加引气剂的粉煤灰混凝土，即使掺量达 30%，也可经受 300 次冻融循环。常用引气剂包括松香盐类引气剂、烷基磺酸盐类引气剂、磺化木质素盐类引气剂、石油酸类引气剂、皂角类引气剂等。

高性能混凝土是近年来发展起来的一种新材料，是混凝土技术进入高科技时代的产物。高性能混凝土指采用常规材料和工艺生产，具有混凝土结构所要求的各项力学性能，具有高耐久性、高工作性和高体积稳定性的混凝土。其是在大幅度提高普通混凝土性能的基础上，采用现代混凝土技术制作的混凝土，以耐久性作为主要指标，针对不同用途要求，对耐久性、工作性、适用性、强度、体积稳定性、经济性等性能有重点地予以保证。

我国结构工程中混凝土耐久性问题非常严重。建设部于 20 世纪 90 年代组织了对国内混凝土结构的调查，发现大多数工业建筑及露天构筑物在使用 25~30 年后即需大修，处于不利环境中的建筑物使用寿命仅 15~20 年，民用建筑及公共建筑使用及维护条件较好，一般也只能维持 50 年。而相对于房屋建筑来说，处于露天环境下的桥梁耐久性与破坏状况更为严重。高性能混凝土能够很好地解决建、构筑物的耐久性问题。配制好的高性能混凝土，在恶劣环境下的使用寿命也能超过 100 年。目前，高性能混凝土技术已推广应用到三峡工程、青藏铁路、南水北调、田湾核电站、首都机场新航站楼、煤矿建井等多个国家重点工程中，取得了显著成绩。

高性能混凝土最主要的特点就是更多地利用工业废渣作细掺合料，更多地节约水泥熟料使用以及耐久性好、使用寿命长。在高性能混凝土生产的过程中，掺入适当的细矿物掺合料，不仅可以降低水泥用量、降低混凝土的水化热，而且细掺合料与水泥胶凝发生反应，使混凝土具有更好的性能。

粉煤灰是一种优质的矿物掺合料，国内许多单位对粉煤灰高性能混凝土（掺量15%左右）和大掺量粉煤灰高性能混凝土进行了试验研究和工程应用，取得了良好的效果。研究表明：采取一定的技术措施，在混凝土中掺入粉煤灰可取代水泥30%～60%，充分发挥粉煤灰的火山灰活性效应、颗粒形貌效应和微集料效应，可产生胶凝作用、减水作用、致密作用及和易性作用，可改善混凝土的和易性、强度，降低水化热，防止混凝土的早期开裂，提高混凝土的抗渗性、抗冻性、抗化学侵蚀性以及抗碱-骨料反应等耐久性。

目前，我国每年还有近2亿t粉煤灰未加利用，相对于价格昂贵的硅灰、矿渣粉等资源，粉煤灰是配置高性能混凝土的首选。因此，更多地将粉煤灰应用于高性能混凝土的生产，是粉煤灰在混凝土工业应用发展的重要趋势。

6.1.3 粉煤灰用于墙材

利用粉煤灰作为原料生产墙体材料在我国已有几十年历史和经验，先后研制和生产了粉煤灰泡沫混凝土制品，蒸养粉煤灰中型密实砌块，小型粉煤灰空心砌块，蒸养、蒸压粉煤灰砖，蒸养、蒸压加气混凝土制品，粉煤灰烧结陶粒等。2018年，我国新型墙材生产利用粉煤灰9400万t，占到了总利用量的26%。以粉煤灰为主要原料制砖，包括免烧砖、烧结砖和蒸压砖。目前，技术成熟、应用普遍的产品主要是蒸压粉煤灰砖、加气混凝土砌块等。在蒸压加气混凝土砌块方面需要满足《蒸压加气混凝土砌块》（GB 11968—2006）的要求，而粉煤灰掺量高达82%，可以使用湿排粉煤灰，但不适合使用高钙粉煤灰，由于其自硬性的原因，难以用于加气混凝土砌块。在轻质隔板方面需要满足《建筑隔墙用轻质条板通用技术要求》（JG/T 169—2016）的要求，而粉煤灰的掺量约45%，同时也用32%的炉渣。在粉煤灰烧结多孔砖方面需要满足《烧结多孔砖和多孔砌块》（GB 13544—2011）的要求，粉煤灰掺量最大可达75%，但常规掺量为60%，另外使用40%的黏土。

6.1.3.1 墙蒸压粉煤灰砖

蒸压粉煤灰砖是我国较早发展的利用粉煤灰生产墙体材料的品种。生产蒸压粉煤灰砖的原料一般包括：粉煤灰、集料、石灰、石膏。蒸压粉煤灰砖配料的四个原则：

（1）应满足砖的各项物理力学性能的要求，其中特别是强度和耐久性，应符合产品标准中的各项指标；

（2）在满足（1）的前提下，应尽量选用石灰、石膏用量的下限，以降低产品成本和确保产品质量；

（3）原材料的选择应符合因地制宜、就地取材的原则，并应优先利用各种工业废渣或天然资源；

（4）原材料种类宜少不宜多，以减少工艺处理环节和工艺设备。根据原料成分和性质不同，配方也有所差异。一般粉煤灰与集料用量比为2∶1～2.5∶1，石膏用量为生石灰用量的10%左右。

我国蒸压粉煤灰砖相关标准主要包括：《蒸压粉煤灰多孔砖》（GB 26541—2011）、《蒸压粉煤灰砖》（JC/T 239—2014）、《蒸压粉煤灰砖》（DB41/T 507—2009）。用于生产蒸压粉煤灰砖的粉煤灰按细度、烧失量、二氧化硅和三氧化硫含量分为Ⅰ、Ⅱ两个级别，应符合《硅酸盐建筑制品用粉煤灰》（JC/T 409—2016）中的要求，见表6-6。

表6-6　粉煤灰的技术指标要求

指标名称	指标要求（%）
细度（80μm 方孔筛筛余量）	≤25
烧失量	≤8.0
二氧化硅	≥40
二氧化硫	≤2.0
氯离子	≤0.06

蒸压粉煤灰砖是将粉煤灰、炉渣（或砂子、石屑）与石灰或再加上少许二水石膏经计量、搅拌混合、消化、压制成型、高压蒸汽养护（180～200℃饱和蒸汽）而成的具有一定抗压强度的砖制品。因为生产工艺成熟，并能大量利用粉煤灰、炉渣（一亿块标砖可消耗掉18万～20万t粉煤灰和炉渣），抗压强度可达100～200kg/cm²，能满足承重墙体的要求，因而受到人们的重视。以下是蒸压粉煤灰砖生产一般配方（表6-7）以及蒸压粉煤灰砖生产工艺（图6-1）。

表6-7　蒸压粉煤灰砖生产一般配方

原料	粉煤灰	集料	生石灰粉	掺合料
比率	50%～75%	10%～35%	10%～15%	3%～5%

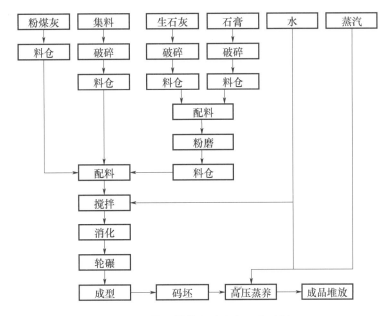

图 6-1　蒸压粉煤灰砖生产工艺示例

目前，蒸压粉煤灰砖面临的三个主要问题与解决方法：

（1）压粉煤灰砖的干燥收缩值普遍较大[7]，一般在 0.6% ~ 1.0%，因此用蒸压粉煤灰砖砌筑的墙很容易产生裂缝。裂缝主要发生在内外墙连接处的内墙上部，呈八字形斜裂缝；山墙中部；门窗洞口上、下方呈 45°斜裂以及窗洞口墙沿竖向灰缝和砖中部垂直或阶梯裂缝；还有屋顶女儿墙的水平裂缝。解决方法：要彻底地解决蒸压粉煤灰砖墙体裂缝问题[16]，可通过改进配方，正确选择原材料，调整混合料级配；采用轮碾搅拌混合，加强混合料消化；提高砖坯成型压力，最好双面加压，以提高砖坯密实度；提高蒸压养护的温度（相应饱和蒸汽压力应在 10 ~ 12 大气压以上），以增加水化硅酸盐产物数量和改善结晶状况，产生更多的托勃莫来石晶体，改善结晶度和晶型，使砖的抗压强度达到 $200kg/m^2$ 以上。例如，采用粉煤灰、石灰与一定级配的中砂配料，经高压力压制成型和更高压力蒸汽养护可获得较高强度和较低收缩值产品。

（2）蒸压粉煤灰砖表面比较平整光滑，与普通水泥砂浆黏结力低，抗震性能差。因为蒸压粉煤灰砖的成型由压砖机完成，生产出来的产品外观规整、密实、表面光滑；而烧结砖是挤出泥条后用钢丝切割成坯，砖与砂浆接触的大面比较粗糙。所以蒸压粉煤灰砖与砂浆的黏结力不如烧结砖，抗震性能差。经试验，蒸压粉煤灰砖砌体的抗剪强度比烧结实心黏土砖砌体低 30%。解决方法：一般解决蒸压粉煤灰砖与砂浆黏结力低的问题，是采用比普通砂浆具有更好的韧性、更小的收缩率和更高黏结强度的专用砂浆或改性砂浆，进而有效提高蒸压粉煤灰砖砌体的黏结强度。

（3）蒸压粉煤灰砖吸水、吐水较慢，给施工带来不便。蒸压粉煤灰砖因压制密实，砖体内空隙较少，进出水比较困难。因此在施工时，砖要有一定的含水率（因地区而异），不能用干砖或饱水砖砌筑墙体，也不宜在下雨天或干燥天现浇水现砌筑。解决方法：蒸压粉煤灰砖在使用前，一般必须提前 1~2d 淋洒适量的水。

6.1.3.2　蒸压加气混凝土砌块

在发达国家，加气混凝土制品在墙体材料的产量中所占比率为 15%~40%，是十分重要的墙体材料之一，所以大力发展加气混凝土制品是我国墙体材料发展的重要方向。加气混凝土根据所用硅质原料的不同，分为砂加气混凝土和粉煤灰加气混凝土。目前，国内大部分企业是以粉煤灰为硅质原料生产粉煤灰加气混凝土制品，占到总产量的 80%。粉煤灰蒸压加气混凝土制品按照产品类型分为蒸压加气混凝土砌块和蒸压加气混凝土板材。

用于生产粉煤灰加气混凝土制品的粉煤灰应符合《硅酸盐建筑制品用粉煤灰》（JC/T 409—2016）中的要求。粉煤灰加气混凝土制品中粉煤灰所占比率一般为 60%~75%。粉煤灰蒸压加气混凝土砌块产品应符合《蒸压加气混凝土砌块》（GB 11968—2006）中的相关指标要求，如表 6-8 所示。粉煤灰蒸压加气混凝土板材应符合《蒸压加气混凝土板》（GB 15762—2008）中的相关指标要求。

表 6-8　蒸压加气混凝土砌块性能要求

干密度级别		B03	B04	B05	B06	B07	B08
干密度	优等品（A）≤	300	400	500	600	700	800
	合格品（B）≤	325	425	525	625	725	825
强度级别	优等品（A）	A1.0	A2.0	A3.5	A5.0	A7.5	A10.0
	合格品（B）			A2.5	A3.5	A5.0	A7.5
	平均值≥	1.0	2.0	2.5	3.5	5.0	7.5
	单组值≥	0.8	1.5	2.0	2.5	4.0	6.0
干燥收缩值	标准法/（mm/m）≤				0.50		
	快速法/（mm/m）≤				0.80		
抗冻性	质量损失/%≤				5.0		
	冻后强度 /MPa≥	优等品（A）	0.8	1.6	2.8	4.0	6.0	8.0
		合格品（B）			2.0	2.8	4.0	6.0
导热系数（干态）/［W/（m·K）］≤		0.10	0.12	0.14	0.16	0.18	0.20

蒸压加气混凝土砌块是当前主要的加气混凝土制品。粉煤灰加气混凝土砌块是由水泥（或部分用水淬矿渣、生石灰替代）和粉煤灰经过磨细并与发气剂（如铝粉）和其他材料按比例配合，再经料浆浇注，发气成型，静停硬化，坯体切割与蒸汽养护（蒸压或蒸养）等工序制成的一种轻质多孔的建筑材料。加气混凝土成套设备按其工艺主要由原料存储、搅拌、浇注、成型、切割、蒸养、吊夹、运输等设备组成。目前，非承重加气混凝土砌块使用最为广泛，体积密度一般为 500kg/m³ 和 600kg/m³，应用在框架结构中的填充与隔墙而不承担荷载。承重砌块的体积密度为 600kg/m³、700kg/m³ 和 800kg/m³，在建筑中，经特殊结构处理后承担荷载。表 6-9 为粉煤灰加气混凝土砌块典型配方，图 6-2 为粉煤灰加气混凝土砌块生产工艺示例。

表 6-9　粉煤灰加气混凝土砌块典型配方

原料	粉煤灰	水泥	石灰	石膏	铝粉
比例（%）	65～70	7～10	15～19	3～5	0.07

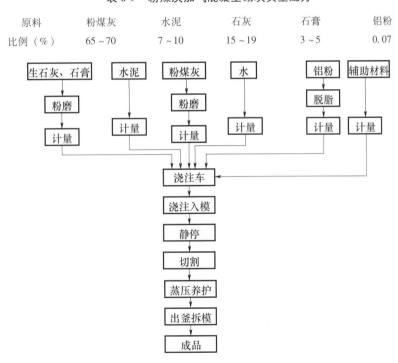

图 6-2　粉煤灰加气混凝土砌块生产工艺示例

加气混凝土砌块的问题与解决方法如下：

（1）粉煤灰加气混凝土砌块的收缩变形大，粉煤灰加气混凝土砌块的干燥收缩率在 0.6～0.7mm/m，应用过程中容易造成墙体裂缝。解决办法：注意养护期，出高压釜后存放适当时间再进行建筑施工。

（2）加气混凝土吸水量较大但吸水导湿速度慢，其吸水率与烧结黏土实心砖相近，但吸水速度仅为烧结黏土实心砖的 30%～40%。如果加气混凝土砌块浇水时间不够，吸水不充分，当加气混凝土与砌筑砂浆或抹灰砂浆相遇时，砂浆中的水分会被加气混凝土砌块强夺，从而影响砂浆的硬化和强度增长，造成墙面开裂、空鼓。解决办法：在砌筑前 1 ~ 2d 应浇水湿润，砌筑前还应浇水湿润，其含水率一般控制在 20% 左右；或使用加气混凝土砌块专用砂浆。

（3）我国加气混凝土产品的质量不高，设备开发与工艺技术脱节、工艺技术与应用技术脱节是主要原因。加强高水平加气混凝土装备开发以及应用技术研究是加气混凝土产业发展的重要问题和发展方向。

欧洲的加气混凝土市场经历了两个重要转型：一是从标准的砌块产品向可现场组装的预制墙体系统的转变；二是提升产品质量，开发了表面平滑的、不需要抹灰找平的板材制品。在日本，加气混凝土制品以加气混凝土板材为主，并且使用方法与欧洲构架不同，其主要是采用抗震节点连接设计的配筋。加气混凝土薄板广泛应用于高层建筑外挂板，同时加气混凝土薄板平滑的表面具有极佳的装饰功能[17]。

目前，我国加气混凝土生产以砌块为主，大多用于框架建筑的填充和围护结构。但是随着施工单位对缩短工期的强烈要求，加气混凝土板的应用越来越广泛，近几年我国加气混凝土板材产量已开始逐年增长。加气混凝土板兼具结构承载、防火以及保温功能，主要用于民用低层住宅的承重剪力墙、楼板以及屋面板，框架结构的外围墙板以及内隔离墙等，其中屋面保温板占板材的 50% 以上。从砌块向板材，是我国加气混凝土制品的发展趋势。蒸压加气混凝土板具有以下优点。

（1）保温隔热：其保温隔热性是玻璃的 6 倍、黏土的 3 倍、普通混凝土的 10 倍；

（2）轻质高强：其相对密度为普通混凝土的 1/4、黏土砖的 1/3；立方米抗压强度在 4MPa 以上；在钢结构工程中采用蒸压加气混凝土板作围护结构能够更好地发挥其自重轻、强度高、延性好、抗震能力强的优越性；

（3）耐火阻燃：加气混凝土为无机物，不会燃烧，而且在高温下也不会产生有害气体；同时，加气混凝土导热系数很小，这使得热迁移慢，能有效抵制火灾，并保护其结构不受火灾影响；

（4）可加工：可锯、可钻、可磨、可钉，更容易体现设计意图；

（5）吸声、隔声：以其厚度不同可降低 30 ~ 50dB 噪声；

（6）耐久性好：加气混凝土板不存在老化问题，也不易风化，是一种耐久的建筑材料。

加气混凝土板材在中国市场上出现较早，一些新型建材企业较早就掌握了蒸压加气混凝土屋面板、墙板等板材的生产工艺。图 6-3 是蒸压加气混凝土隔墙板的参考生产工艺示例[18]。

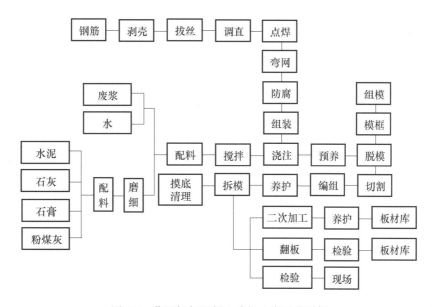

图 6-3　蒸压加气混凝土墙板生产工艺示例

　　加气混凝土具有极好的保温隔热性能，是墙体材料中唯一的单一材料即可达到节能要求的材料。与普通采用的其他保温材料相比，加气混凝土制品具有产品质量高、使用方便、服务寿命长、性价比高等优点。在建筑节能形势下，加气混凝土作为墙体的保温隔热材料，以其特有的优越性，将更受市场青睐。

　　钢结构建筑是加气混凝土施展作用的舞台。目前，我国加气混凝土板应用相对薄弱，主要问题在于缺少完整配套的应用技术，市场上"块热板冷"的现象十分严重。如南京旭建公司在加气混凝土板材生产线开工之际，即投资 20 万元编制了适用于自己产品的图集和规程。当前，我国加气混凝土板材的产量逐年增长，随着建筑节能工作的实施，建筑工业化进程的推进，以及对加气混凝土制品附加值的要求提高，未来我国加气混凝土板材的发展前景十分可观。

6.1.4　粉煤灰用于砂浆

　　干混砂浆属于商品砂浆，它是由胶凝材料、矿物掺合料、细骨料、外加剂等固体材料组成，经工厂配料和混合而制成的砂浆半成品。干混砂浆大体可分为砌筑砂浆、抹灰砂浆、修补砂浆、灌浆材料和黏结砂浆等五大类。每大类包括若干品种。用于生产干混砂浆的粉煤灰需满足《用于水泥和混凝土中的粉煤灰》（GB/T 1596—2017）的要求（表6-4）。

　　在西方国家，干混砂浆从 20 世纪 50 年代初发展到现在，已有 50 多个品种。中国推广干混砂浆始于 20 世纪 80 年代，当时的上海、北京就已经开始了干混砂浆研究工作，到 90 年代开始出现干混砂浆工厂，进入 2000 年后国内干混砂浆得到蓬勃发展，现在约有 20 个品种的干混砂浆制定了相应的行业标准。据相关单位估计，我国每年干混砂浆的产量超过 1 亿 t，其中约 3/4 为普通干混砂浆产品，包括砌筑砂浆、抹灰砂浆和找平砂浆，其余为特种干混砂浆产品如瓷砖胶、防水砂浆、自流平砂浆和保温隔热砂浆。特种砂浆的年产量估计在 2500 万～3000 万 t，用量最大的三种产品为瓷砖胶（50%）、保温系统的黏结和抹面砂浆（25%）、自流平砂浆（15%）。

粉煤灰很早就被应用于砂浆生产中，早在 1983 年我国就出台了《粉煤灰在混凝土和砂浆中的应用技术规程》。在干混砂浆生产中，粉煤灰属于矿物掺合料和矿物外加剂，常应用于砌筑砂浆及抹灰砂浆等普通干混砂浆中。粉煤灰在干混砂浆中主要是用来替代一部分胶凝材料，既能降低砂浆的生产成本，又能改善干混砂浆的工作性、强度等性能。关于粉煤灰在干混砂浆中的应用技术，国内各相关单位进行了一系列研究。

耿健研究了粉煤灰对砌筑砂浆工作性能的影响，认为粉煤灰的品质对砌筑砂浆的稠度有显著影响，应当选择需水量小的粉煤灰作为砌筑砂浆掺合料。当粉煤灰掺量小于 40% 时，应首先考虑粉煤灰品质对砌筑砂浆稠度的影响，其次考虑掺量的影响。粉煤灰掺量对砌筑砂浆稠度、分层度、含气量有一定影响。随着粉煤灰掺量的增加，砌筑砂浆达到某一设计稠度的用水量相应增加，当粉煤灰掺量小于 40% 时，用水量变化不大，但是当掺量大于 40% 时，用水量随掺量的增加而明显增大。分层度与含气量，在采用外掺粉煤灰设计配合比的情况下，随粉煤灰掺量的增加分别呈现增加和减小的趋势。因此，他也认为砌筑砂浆中粉煤灰的掺量不宜超过 40%[19]。

龙广成等[20]以砂浆抗压强度、粉煤灰单位强度因子为指标，研究了砂浆体系中粉煤灰的最佳掺量范围，认为粉煤灰在干混砂浆中的最佳掺量范围为 20%～30%。但也有研究认为，粉煤灰掺量较大时（在 50% 以上），仍能配制出性能良好的干混砂浆。还有的研究通过粉煤灰和氟石膏复合添加，配制出干燥收缩小、体积稳定性好的抹面砂浆。

赵敏岗等[21]对粉煤灰在砌筑干混砂浆中的应用进行了研究，认为在等稠条件下，粉煤灰等量取代水泥后，用水量不变，分层度略有降低，堆积密度随取代率增大而降低，7d 和 28d 强度随取代率上升而递减，收缩值变化无规律。但粉煤灰取代率超过 50% 时，砂浆早期强度和 28d 强度都有大幅度降低。

一些研究表明，粉煤灰掺加到水泥砂浆中，能降低砂浆水胶比和分层度，提高流动度和稠度，减少流动度的经时损失率，但会降低水泥砂浆强度。但有些研究发现，粉煤灰能够降低水泥砂浆的压折比，改善水泥砂浆的韧性；且在一定掺量范围内，随着其掺量的增大，对水泥砂浆韧性的改善越发明显。有的文献还认为粉煤灰的细度和粒径也明显影响到水泥砂浆韧性，细度越大，水泥砂浆压折比越小。粉煤灰会影响到水泥砂浆的泌水性能，一般而言，Ⅱ级以上的粉煤灰会使水泥砂浆具有良好的保水性能，而且会在一定程度上降低水泥砂浆的成本。

粉煤灰添加到干混砂浆中，会明显降低水泥砂浆的干燥收缩率，这是由于粉煤灰替代部分水泥，使得水泥浆的量减少，且会减少部分用水量；同时由于粉煤灰水化速度较慢，未反应的粉煤灰颗粒起到稳定和抑制浆体变形的骨架作用，从而使得干混砂浆的干燥收缩率降低，且随其掺量增大，降低程度增大[22]。

马保国等[23]研究发现，粉煤灰能够改善水泥砂浆的抗硫酸盐侵蚀性能，主要在于降低了浆体中C_3A的含量，且其火山灰反应消耗大量水泥水化产物氢氧化钙所致，粉煤灰的抗硫酸盐侵蚀效果比矿粉和钢渣更好。

李玉海等[24]通过试验认为，因为粉煤灰中含有大量的玻璃微珠，这些玻璃微珠对于自流平砂浆的流动性有一定帮助，同时，由于粉煤灰的微粒效应有减水作用，还能帮助自流平砂浆体系中的增稠材料，使较重的填料颗粒处于悬浮状态，并可以促使浆体内气泡快速排出。所以粉煤灰有利于自流平材料操作性能的提高。同时由于粉煤灰的火山灰作用需要较长时间才能体现，而自流平砂浆多是在空气条件下养护，不利于粉煤灰的火山灰作用的发挥，因此并不能提高自流平砂浆的强度。

粉煤灰用于保温砂浆中，可改善砂浆的工作性能，提高保温效果，但会降低保温砂浆的早期强度。而高钙粉煤灰在一定掺量范围内能改善保温砂浆的线性收缩率和强度等力学性能。也有研究利用粉煤灰中的漂珠和膨胀珍珠岩为轻骨料配制保温砂浆，所获得的保温砂浆强度、保温性能等优于纯膨胀珍珠岩保温砂浆，施工性和耐久性优于聚苯颗粒保温砂浆。一些研究通过机械磨细和化学激发相结合的方法增强低等级粉煤灰的活性，配制出工作性良好的系列强度等级的干混砌筑砂浆，并发现砂浆抗压强度随粉煤灰粒径的减小而增高。也有学者通过与钢渣复配配制出具有抗冻性好等优点的砌筑干混砂浆[22]。

粉煤灰、水泥、砂掺入少量外加剂可以配制砌筑、抹灰、粘面的普通砂浆。由于砂浆在建筑工程中用量很大，所以可以大量利用粉煤灰。目前尚无国家或行业技术标准和施工规范，在使用前需经过配比试验。用在普通砂浆中的粉煤灰，使用符合国家标准的粉煤灰，一般是 II 级灰可以取代 15%～30% 水泥。但特种砂浆，由于其价值高而粉煤灰品质不稳定，因此，一般不使用粉煤灰。总之，如何将粉煤灰更好地应用于干混砂浆中，是粉煤灰综合利用领域中的一个重要问题。

6.1.5 循环流化床粉煤灰用于建材出现的新课题

循环流化床锅炉技术是近十几年来迅速发展起来的一项高效、低污染的清洁燃烧新技术，主要以煤含量高的矸石或低阶煤为主。循环流化床锅炉的控制温度为 800～900℃，燃煤在流化床上循环燃烧，具有燃烧效率高、可使用低品质燃煤和炉内脱硫等诸多优点。采用循环流化床锅炉技术通过炉内干法石灰石脱硫处理后收集的粉煤灰即为循环流化床固硫粉煤灰。因为循环流化床采用低热值燃煤的灰分较高，所以循环流化床锅炉排灰渣量要比煤粉炉多 30%～40%。目前我国循环流化床锅炉总台数 1970 台，总装机容量 7478 万 kW，由此可以估算我国循环流化床粉煤灰的年排放量也超过 7000 万 t。

循环流化床固硫粉煤灰不同于常规的煤粉炉粉煤灰，其综合利用途径目前尚缺乏系统的基础研究和应用经验。其主要原因在于循环流化床工艺炉内温度较低（800～900℃），产生的粉煤灰颗粒疏松团聚、需水量大、钙硫含量高、烧失量大，直接应用可能会造成制品体积安定性不稳定、假凝、开裂等一系列问题。

由于循环流化床固硫粉煤灰的特殊性，在美国 ASTM C618—2000 标准中并没有将这类灰列入其中，我国的粉煤灰国家标准《用于水泥和混凝土中的粉煤灰》（GB/T 1596—2017）排除了循环流化床固硫粉煤灰。按现行的粉煤灰国家标准 GB/T 1596—2017 和美国 ASTM C618—2000，循环流化床固硫粉煤灰不能满足在水泥和混凝土中作为掺合料的化学成分和物理性能要求，因而不允许作为水泥和混凝土掺合料使用[25]。

国外对于脱硫灰渣的利用主要集中在道路回填和废弃物稳定等方面，大规模的资源化利用几乎是空白。但基于循环流化床固硫粉煤灰的利用，国内外相关机构已进行了不少研究。

综合文献来看，国外研究较多的是脱硫灰渣的水化特性，1991 年法国的 CERCHAR 组织开发了一种专门应用于固硫灰渣的预水化处理方法，称为 CERCHAR 水化法。这种水化方法是一种选择性的预水化方法，能使脱硫灰渣中的 f-CaO 完全水化为 Ca（OH）$_2$，而不会影响灰渣中的其他组分。J. Blondin 等人用试验说明了水化处理的作用,试验表明,将脱硫灰渣先进行预水化处理,然后作水泥混合材或混凝土掺合料使用,是一个比较理想的处理途径。此后,许多国外学者对脱硫灰渣进行研究时都采用预水化处理,但是资料显示,预水化是在170℃以及 0.85MPa 的水蒸气中进行,条件比较苛刻,很难在实际中推广[26]。

循环流化床锅炉固硫粉煤灰的主要化学成分与水泥相近,因而可以作生产水泥熟料的原料。陈袁魁等[27]利用循环流化床锅炉脱硫粉煤灰渣作为水泥原料代替部分石灰石,研究表明循环流化床锅炉脱硫粉煤灰渣能够明显地改善生料的易烧性,但是过多地掺加循环流化床锅炉脱硫粉煤灰渣不仅会影响熟料矿物的形成,而且会导致熟料强度的下降。也有研究者提出发电—生产水泥一体化的工艺,这种工艺排放出的合格灰可以作为水泥熟料或生产水泥的原料。这种工艺将发电与煅烧水泥结合在一起,工艺先进,但目前利用煅烧床设备生产水泥的技术还不成熟,处于研究开发阶段,其生产的水泥性能难以达到现有设备生产的水泥水平,因而有待于进一步的发展。

加拿大的 S M Burwell 和 R K Kissel 对流化床脱硫灰在无水泥混凝土中的应用进行了研究,提出将流化床脱硫灰与传统燃煤锅炉产生的粉煤灰混合使用制成混凝土的技术,并对这种混凝土的工程特性进行测定。结果表明,流化床脱硫灰/粉煤灰混凝土作为一种无水泥混凝土具有以下特点:(1)此种混凝土的强度、耐久性等性能都与中、低强度的普通水泥混凝土相当,而成本却低得多;(2)流化床脱硫灰和粉煤灰混合使用明显优于各自单独使用。只用流化床脱硫灰的混凝土早期强度好,而后期发展不大;只用粉煤灰的混凝土正好相反;而将这两种灰混合后使用,早期和长期强度发展都较理想。此种脱硫灰混凝土一个主要问题是凝结时间比较长,初凝时间一般要 10~20h,终凝时间一般要 30~60h 甚至更长,掺入快凝剂虽有效果,但调节幅度不是很大[28]。

在国内也有使用掺外加剂来加速循环流化床锅炉脱硫粉煤灰渣中 f-CaO 的消解,如赵风清等[29]开发的工艺。高硫高钙粉煤灰首先加入复合安定剂,然后陈化一段时间,在陈化过程中高硫高钙粉煤灰中的 f-CaO 消解成 $Ca(OH)_2$,干燥后与熟料共同粉磨即制得水泥,如图 6-4 所示。另外,侯浩波等人则开发出一种循环流化床锅炉脱硫粉煤灰安定剂,与循环流化床锅炉脱硫粉煤灰和熟料共同粉磨即可制得安定性合格的水泥,而且还可以提高水泥的强度,其工艺比赵风清等的工艺更简单。

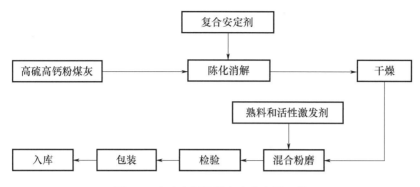

图6-4 高硫高钙粉煤灰生产水泥工艺

洛阳理工学院刘辉敏[30]利用燃煤电厂循环流化床脱硫粉煤灰替代石膏和部分石灰石,按照34%脱硫灰、36%石灰石、30%铝矾土的原料配比,先将石灰石和铝矾土粉磨至一定细度,均匀混合配料,然后加入5%~7%的水压块并烘干,煅烧生产出了各项性能都符合要求的贝利特-硫铝酸盐水泥。这不仅实现了综合利用脱硫粉煤灰,还可节省粉磨和煅烧过程的能耗。

山东大学任丽等[31]采用脱硫灰、粉煤灰和石灰石作为主要生料,利用高温回转炉模拟硫铝酸盐水泥的回转窑生产流程,在适当的生料元素配比和适宜的煅烧条件下,生产出了以硫铝酸钙和硅酸二钙为主要矿物组成的熟料,符合标准硫铝酸盐水泥的矿物组成,且强度性能良好。并在此基础上进行了中试试验。以38.5%经均化的脱硫灰、9.6%粉煤灰、51.9%石灰石为原料,粉磨混合,以粉状直接入窑煅烧,在1300℃左右煅烧30~40min得到水泥熟料,其凝结时间、机械强度、细度、安定性等性能指标均符合国家标准的要求,实现了利用脱硫灰稳定、连续地生产性能良好的硫铝酸盐水泥。同时,该工艺节约了粉磨和煅烧的能耗,不会产生SO_2的二次污染。

陈慧泉等[32]针对脱硫灰在加气生产使用中的不足,在配比上适量增加一些活性较好的硅质材料,比如磨细的石英砂或硅含量较高且较细的煤粉炉粉煤灰等。工艺上要提高静停室的温度(在30℃以上),切割温度在93℃以上,提高半成品强度,保证蒸压压力、温度及恒压时间,使之反应充分,提高制品强度。在其他原料和工艺不变的情况下,在生产制浆过程中使用60%的脱硫灰、40%的煤粉炉粉煤灰($SiO_2 \geqslant 50\%$,$CaO \leqslant 5\%$,$MgO \leqslant 3\%$,烧失量$\leqslant 5\%$)共同充分搅拌制浆,生产出满足国家标准《蒸压加气混凝土砌块》(GB 11968—2006)要求的蒸压加气混凝土砌块产品。

闫维勇等[33]根据循环流化床脱硫灰的特点,提出了对SO_3、烧失量无特殊要求又可充分利用未燃炭的"烧结"路线，即用于制造烧结砖或轻骨料——陶粒。试验结果表明，黏土—脱硫灰烧结砖完全可以达到普通烧结砖的性能指标，并有一定的性能指标调节幅度。也可以将脱硫灰渣作砖瓦材料的掺合料使用，既降低了成本，又节省了大量黏土，看似是一种较好的利用途径，但实际上以上几种利用方法中都存在二次污染的问题，因为砖瓦材料和轻骨料的烧成温度范围一般在 950~1050℃ 之间，而脱硫灰渣中除硫酸钙外通常还含有一部分亚硫酸钙，硫酸钙在 900℃ 左右开始分解，而亚硫酸钙在 650℃ 开始分解，分解出的 SO_2 经烟囱排入大气，形成了二次污染。

洛阳理工学院刘辉敏等借助于 XRD 和 SEM 等方法，对回流式循环流化床脱硫灰用于水泥缓凝剂进行了研究。结果表明，脱硫灰可替代天然石膏用作水泥缓凝剂，水泥的各项物理指标均达到国家标准要求，并认为起缓凝作用的是脱硫灰中 $CaSO_3 \cdot 1/2H_2O$ 与水泥中 C3A 反应所形成的 Afm 相。关于脱硫灰作水泥缓凝剂目前有两种观点：林贤熊等研究发现，脱硫灰部分或全部取代天然石膏，掺入水泥熟料中，都有缓凝作用，傅伯和等通过试验也得到相同的结果；姚建可等研究发现，脱硫灰渣中 $CaSO_3 \cdot 1/2H_2O$ 不具有调节水泥凝结时间的作用，A. Lagosz 与 J. Malolepszy 用纯 $CaSO_3$ 进行的试验也得到相同的结论。$CaSO_4$ 确实具有缓凝作用，但 $CaSO_3$ 是否具有缓凝作用尚有争执。

南昌大学胡岳芳等[34]认为以脱硫灰为主要原料，加入适量水泥，掺入少量的激发剂和减水剂，可以制备性能优异的干混砂浆，但是对砂浆的保水率、分层度和耐久性等性能还有待进一步研究。

西南科技大学严云等[35]探索出了一种循环流化床脱硫灰制备轻质混凝土的方法，先将脱硫灰和生石灰进行粉磨处理，依次加入水、脱硫灰、水泥、生石灰、减水剂混合搅拌制得料浆，配以一定比例的轻骨料，即制备出循环流化床脱硫灰轻质混凝土。该产品具有轻质高强、导热系数小、保温隔热性能好等优点。目前该方法已申请了国家专利。

随着煤炭开采量日益增加，优质煤炭资源越来越少，加上国家鼓励建设矿区坑口电厂和煤矸石电厂，鼓励用低热值燃料发电，循环流化床锅炉数量必将越来越多，循环流化床固硫粉煤灰的排放量也会越来越大，实现循环流化床固硫灰的综合利用十分重要。目前，关于循环流化床固硫粉煤灰的应用研究特别是在水泥、混凝土、砂浆、墙体材料等生产方面，已有一定的基础，并开始有一些应用实践。随着研究探索的不断深入及利用技术的不断涌现和成熟，建材工业作为普通粉煤灰最重要的利用行业，也必将是未来循环流化床固硫粉煤灰的主要应用市场。

6.2 粉煤灰用于陶粒、陶瓷砖等陶瓷行业

由于粉煤灰化学成分与陶瓷黏土近似，因此可用来替代陶瓷黏土生产陶粒、陶瓷以及陶瓷行业的产品。黏土的成分也是以氧化硅与氧化铝为主，具有可塑性和结合性。粉煤灰则类似黏土高温煅烧后的产物，不具有可塑性和结合性。同时由于粉煤灰中 Fe_2O_3 含量较高，不宜用来生产日用陶瓷，只能用来生产建筑陶瓷。

6.2.1 粉煤灰用于生产陶粒

粉煤灰陶粒的生产可大量消耗粉煤灰，有效减少粉煤灰资源的排放，减少占用耕地，变废为宝，烧结过程中，一般高烧失量的粉煤灰能满足焙烧所需的热量，不需另加燃料。粉煤灰陶粒是以粉煤灰为主要原料（80%～95%），掺入一定量的胶结料和水，经计量、配料、加工成球，烧结烧胀而成的一种人造轻骨料。粉煤灰陶粒具有密度小、强度高、导热系数低、稳定性好等优良性能，用途十分广泛。粉煤灰陶粒可用于生产粉煤灰陶粒砌块、保温轻质混凝土、结构轻质混凝土等，已被作为推广技术列入我国资源综合利用技术政策大纲之一。以下是陶粒的优势：

（1）用于建筑和市政桥梁结构，可缩小构件截面尺寸，减轻荷载，节约钢材和其他材料用量，降低工程造价，加快施工进度；

（2）用于混凝土制品生产（墙板和砌块），保证强度基础上可减少水泥用量、减轻质量、提高保温、隔声性能；

（3）粉煤灰陶粒混凝土具有隔热、抗渗、抗冲击、耐热、抗腐蚀等性能，是地下建筑工程、造船工业及耐热混凝土等工程的首选骨料；

（4）陶粒具有多孔、吸水和不软化等特点，可用作水的过滤剂、花卉的保湿载体和蔬菜无土栽培基质等；

（5）粉煤灰陶粒混凝土具有良好的耐火性能，可直接用于高温窑炉及烟囱的耐火内衬；

（6）陶粒表面具有粗糙坚硬、耐磨、抗滑、抗冻融等特性，用于筑路工程，可显著提高道路的抗滑性能，提高车辆行驶安全性。

我国于 1964 年成功开发烧结机法粉煤灰陶粒生产技术，1966 年在天津建成国内第一条烧结机法粉煤灰陶粒生产线。20 世纪七八十年代粉煤灰陶粒高速发展，成为全国陶粒产量中的主导产品。但是 90 年代起，由于建筑市场大量需求超轻陶粒，而粉煤灰陶粒技术落后、生产

规模小、原材料价格过高等原因，粉煤灰陶粒发展受到阻碍。进入 21 世纪后，由于各地禁止使用实心黏土砖，粉煤灰陶粒技术不断更新，工艺日益简单完善，生产成本日趋下降，很多地方又开始建设粉煤灰陶粒生产线。目前国内外粉煤灰陶粒的生产基本上都以焙烧的方式为主。焙烧又可分为立窑法、隧道窑法、烧结法、回转窑法、窑箱式烧结法五种方式。目前广泛采用的是窑箱式烧结法。该方法主机产量大，对原材料要求不高，粉煤灰掺加量可高达 90% ~95%，通过不同的配方和焙烧制度，可生产高强陶粒、轻骨料陶粒、保温陶粒。该方法还可配套自动化生产线，无须助燃，大大降低了生产成本，经过简单的工艺处理后，可使用电厂囤积多年的粉煤灰，是当前最合适最有效的粉煤灰陶粒生产方法。

粉煤灰陶粒对粉煤灰的品质要求，如表 6-10 所示，根据其采用不同的工艺技术和产品类型而有所不同。一般粉煤灰陶粒生产中粉煤灰的用量可高达 70% ~95%。

表 6-10　粉煤灰陶粒对粉煤灰的品质要求

工艺技术	细度	主要化学组成（%）	烧失量限值（%）	干湿灰要求
回转窑工艺烧胀型	88μm 筛余小于 30%	$SiO_2 > 45$；$Al_2O_3 < 30$；$Fe_2O_3 < 12$；$RO + R_2O > 8$	3	干、湿灰均可
回转窑工艺烧结型	88μm 筛余小于 30%	一般不受限制最佳：$Al_2O_3 < 25$；$RO + R_2O > 8$	5	干、湿灰均可
烧结机工艺国内技术	88μm 筛余小于 40%	一般不受限制最佳：$Fe_2O_3 < 10$；$CaO + MgO > 5$	10	干、湿灰均可
烧结机工艺引进技术	45μm 筛余小于 45%；75μm 筛余小于 15%	$SiO_2 < 50$；$Al_2O_3 < 18$；$Fe_2O_3 \sim 10$；$CaO + MgO \sim 10$	5	只能用干灰

粉煤灰烧结陶粒是以粉煤灰为主要原料，粉煤灰掺量约 90%，经混合成球，高温焙烧而制成。其特点是密度小、强度高；保温、隔热、隔声、耐火。粉煤灰烧结陶粒在我国的应用领域越来越广泛，用量也越来越大，市场前景非常广阔。烧胀型粉煤灰陶粒典型配方为：粉煤灰 70% ~90%，黏土 10% ~30%，助胀剂 3% ~5%。图 6-5、图 6-6 是烧胀型烧结型粉煤灰陶粒生产工艺示例。

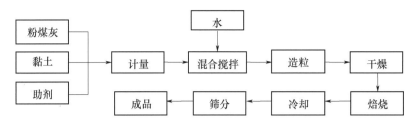

图 6-5　烧胀型粉煤灰陶粒生产工艺示例

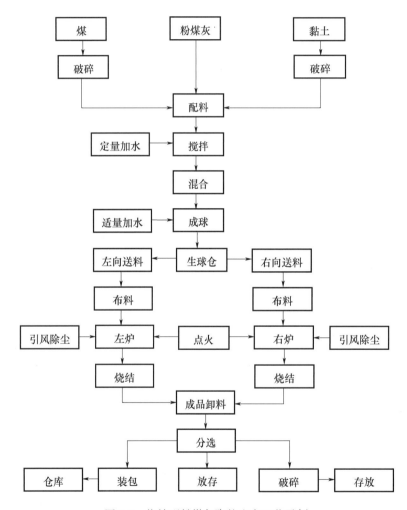

图 6-6　烧结型粉煤灰陶粒生产工艺示例

粉煤灰陶粒烧结的流程为，粉煤灰混合物经过成球工序转变成为圆球状颗粒，进入烧结机中，在其1200℃左右高温焙烧下，粉煤灰中硅铝等氧化物在颗粒内处于熔融状态，冷却后形成高强陶粒轻骨料。粉煤灰陶粒产品应满足国家标准《轻集料及其试验方法　第 1 部分：轻集料》（GB/T 17431.1—2010），包含了堆积密度不大于1200kg/m³ 的粗、细集料。高强轻粗集料的主要技术指标：筒压强度：4.0～6.5MPa；堆积密度 600～900kg/m³；1h 吸水率不大于 20%；含泥量不大于 3%；颗粒粒径 5～20mm 级配连续；属于结构型轻骨料，主要用于配制轻骨料商品混凝土和生产商品混凝工制品。

粉煤灰陶粒轻骨料混凝土具有轻质、高抗震性、高抗裂性、高耐久性、高耐火性、保温隔热等特点。轻骨料混凝土应用于建筑工程中在满足强度及其他性能要求的同时可大幅度减轻结构物的自重，利用这一特性，在住宅产业化装配式构件应用中有非常重要的应用价值。目前市场中粉煤灰高强陶粒产量较少，是比较好的市场机会。以下是粉煤灰陶粒的主要问题和解决方法：

（1）粉煤灰陶粒吸水率相对较高，一般在 15%～22%。利用粉煤灰陶粒生产陶粒混凝土时，泵送压力下粉煤灰陶粒的进一步吸水会对拌合物的性能产生较大影响，使混凝土泵送困难，制约粉煤灰陶粒在混凝土中的应用。解决方法：在搅拌前对粉煤灰陶粒进行适当的预吸水处理；在配制混凝土时合理调整配合比，加大粉体的用量，适当提高砂率。

（2）粉煤灰陶粒的生产成本较高，市场推广应用存在困难。烧结粉煤灰陶粒的生产成本一般在 70～90 元/m³。传统的天然骨料（石子）全国的平均销售价格在 80～120 元/m³ 之间（含运费），石材原料丰富的地区石子的平均售价也在 60～80 元/m³ 之间，而一般粉煤灰陶粒的销售价格（含运费）在 120～150/m³ 元之间。粉煤灰陶粒的价格劣势十分明显。降低粉煤灰陶粒的生产成本，是粉煤灰陶粒技术发展的重要问题。

虽然粉煤灰陶粒的造价比普通砂石（70 元/m³）贵得多，但国内外很多工程实践早已证明，采用粉煤灰陶粒的轻骨料混凝土比普通混凝土的强度高，质量轻，建筑大跨度的桥梁和高层建筑、超高层建筑，可以大大减轻结构自重，降低基础荷载，减少材料用量和运输量，可使工程造价降低 10%～20%，因而带来十分可观的综合经济效益。工业与民用建筑中，由于轻骨料混凝土与普通混凝土相比自重减轻 15%～45%，可大大减小构件截面尺寸及配筋，提高构件承载能力，减少建、构筑物基础工程，最终降低工程综合造价，提高建筑物安全度。其主要应用范围：

（1）建筑装配式预制构件

"十三五"时期，新开工建设工程建筑装配化率要求达到 30%，并在拆迁、配套、容积率等方面给予优惠。由于预制构件定额（模板、人工、机械、混凝土）中，混凝土部分份额较小，陶粒增加的成本被稀释或被忽略不计。新型城镇化、棚户区改造、保障房建设是建筑装配化的重点领域。

（2）海绵城市建设

住房城乡建设部2016年3月发出通知，要求2016年10月底前设市城市完成海绵城市专项规划草案的编制工作。混凝土透水砖、透水混凝土（板）发展空间巨大。

（3）墙材保温

各类工业与房屋建筑中，墙体保温用于二次结构（保温、垫层、防水）。轻骨料混凝土泵送技术规程和施工标准以及工程实践都已解决。用于陶粒砌块制品和轻质隔墙板。

财税2015〔73〕号文：新型墙体材料生产企业固废利用达不到70%，增值税也即征即退50%。

（4）高速铁路、公路、大跨度桥梁板

由于轻骨料混凝土轻质高强，能解决跨度大、耐磨性要求高等问题，在上述工程中作用凸显。

（5）城市地下管廊建设

由于轻骨料混凝土轻质高强，能解决跨度大、耐磨性要求高等问题，在上述工程中作用凸显。

（6）隧道、巷道喷射混凝土，井下地面自流平混凝土

由于陶粒具有良好的抗变性、抗震能力，可在相邻地区煤电大省用于井下巷道支护、隧道锚喷、无轨胶轮车自流平混凝土地板（面）。

（7）陶粒作为商品的应用

可作为高附加值商品，如：花卉—景观制品、水处理滤料、无土栽培、荒地复绿、耐火（骨料）材料等。

我国陶粒现有年产量约500万m^3，其中60%用于陶粒混凝土制品。粉煤灰陶粒混凝土是未来粉煤灰陶粒的发展应用方向。粉煤灰陶粒混凝土与普通混凝土相比有如下突出优点：

（1）粉煤灰陶粒密度小，只为砂石的1/3，能配制出高强度的结构混凝土；保温隔热性能好，粉煤灰陶粒混凝土的导热系数比普通混凝土低得多。

（2）耐火性能好。在建筑物发生火灾时，普通混凝土耐火1h，粉煤灰陶粒混凝土可耐火4h；在65℃高温下，粉煤灰陶粒混凝土能维持室温强度85%，而普通混凝土只能维持室温强度的35%～75%；此外，粉煤灰陶粒可配制耐热达1200℃的耐热混凝土。

（3）抗震性能好。粉煤灰陶粒混凝土相对抗震系数为109，普通混凝土为84，砖砌体只有64。1976年唐山大地震时，天津市的四处粉煤

灰陶粒大板建筑基本完好，而周围的砖混建筑都有不同程度的破坏。

（4）耐久性好。粉煤灰陶粒混凝土耐酸、碱腐蚀的性能优于普通混凝土；250 号粉煤灰陶粒混凝土的 15 次冻融循环的强度损失不大于2%。对已使用近 10 年的工程进行实测，粉煤灰陶粒混凝土的钢筋均未锈蚀，碳化深度一般不超过 30mm，和普通混凝土一样，强度不但不降低，反而增长。

6.2.2　粉煤灰用于粉煤灰陶瓷砖

陶瓷原料的大量消耗给陶瓷工业的可持续发展带来了挑战。国内外关于寻找替代原料生产陶瓷的研究从 20 世纪 80 年代就已开始。由于粉煤灰化学成分与陶瓷黏土近似，粒度细、烧结性能好，因此可以考虑用来替代陶瓷黏土生产陶瓷。不过由于粉煤灰中 Fe_2O_3 含量较高，不宜用来生产日用陶瓷，只能用来生产建筑陶瓷。目前，利用粉煤灰作为原料生产陶瓷砖技术有了较大进展。1995 年，日本中部电力公司就开发出了一种用粉煤灰生产瓷砖的技术。采用该技术，最多可掺入粉煤灰 30%，并且可使用当时现有的生产设备。但是对于粉煤灰中氧化铁等对瓷砖着色的影响，以及因煤灰的性状变动而对瓷砖质量产生的影响等问题并未解决[36]。我国河南禹州建陶厂曾成功使用粉煤灰生产地砖。其地砖坯料配方组成为：粉煤灰 40%～50%，长石 20%～25%，黑泥 8%～10%，碱石 20%～25%，滑石 1%～3%[37]。平顶山煤业集团香山公司地砖厂利用粉煤灰生产陶瓷墙地砖进行了试验。试验以粉煤灰、硅灰石、黑土、碱石、长石为原料，采用配料、球磨、制粉、成型、烘干、烧成、素坯检选、清扫、施底釉、施面釉、烧成、检选、入库的工艺流程。结果证明，用粉煤灰为主要原料制取墙地砖在工艺路线上是可行的[38]。近年来，澳大利亚维科公司的粉煤灰生产陶瓷砖技术有了巨大的突破。该技术中粉煤灰掺加量达到 60%～90%，并且相同产品的生产成本比常规陶瓷生产工艺低 20%～25%，在欧洲已经有了工业生产实例。其原料包括粉煤灰、少量黏土和添加剂。

6.2.3　粉煤灰用于高性能粉煤灰陶瓷地板、墙板等新型建筑陶瓷

通过粉煤灰、尾矿等固废与塑性外加剂的耦合以及基质层、覆盖层与釉料层的物理、化学匹配，可制备高性能粉煤灰陶瓷地板、墙板等新型建筑陶瓷；通过无机固废与有机高分子固废的耦合以及精细界面设计，可制备高性能的绿色建筑板材，实现了粉煤灰等多种工业固废高值化和规模化利用。

6.3 回填

粉煤灰用作回填材料是粉煤灰资源化利用的重要途径之一。粉煤灰用作回填材料具有用灰量大，对灰的质量要求低，干、湿灰均可直接利用，投资少、见效快、技术成熟、易推广等特点，是粉煤灰排放量大的偏远地区实现粉煤灰大宗量综合利用，节约自然资源，减少环境污染的重要发展方向。根据 1991 年颁布的《中国粉煤灰综合利用技术政策及其实施要点》，粉煤灰在回填领域的应用技术主要包括两个方面：一是用于工程回填，即用粉煤灰代土或其他材料在建筑物的地基、桥台、挡土墙做回填；由于其密度小（比大多数土轻 25%～50%），可在较差的底层土上应用，减少基土上的荷载，降低沉降量。同时粉煤灰最佳压实含水率较高，对含水率变化不敏感，抗剪强度比一般天然材料高，便于潮湿天气施工，可缩短建设工期，降低造价。一般粉煤灰均可满足填方材料的要求。根据地区规定，必要时需对回填区域的地下水和地表水质进行监测。二是用于特殊用途的回填，包括围海造地（田）和矿井回填等。围海造地是结合电厂灰池造地或造田；矿井回填是对废弃矿井的回填、充实。质量要求低，干、湿灰均可，但港口工程需用低钙灰。

虽然粉煤灰在回填工程中有了较多的应用实践，但是国内并无统一的标准。1997 年，由交通部组织原第三航务工程局科学研究所的相关人员，在分析总结粉煤灰在港口工程中大量应用研究和应用案例的基础上，编制了《港口工程粉煤灰填筑技术规程》，也为我国其他粉煤灰工程填筑提供了技术参考。目前，由于粉煤灰综合利用技术的不断涌现和成熟，粉煤灰逐渐由工业固体废弃物变成一种重要的资源，主要用作建材工业的原料，生产水泥、混凝土、墙体材料等产品。特别是在东南沿海和中部地区，粉煤灰已成为价格昂贵的紧俏商品。只有在粉煤灰排放量大，建材产品市场容量小的地区，粉煤灰在无法得到更有效利用的情况下，才会被用于回填领域。本文将回填分为三个部分单独讨论：工程回填、港口回填以及矿井充填开采和塌陷区回填。

6.3.1 工程回填

粉煤灰在回填领域的应用开始较早。早在 20 世纪六七十年代，国内外就利用粉煤灰替代传统的砂、土材料用于工程填筑。粉煤灰用作工程填筑，首先是在道路工程中作为路堤，然后发展到用于建筑地基等。粉煤灰作为填筑材料，英国的应用较为稳定持久[39]。从 1965—1975 年，英国每年用作填筑材料的粉煤灰都在 100 万 t 以上，其中 1970—1971 年因高速公路建设高潮，粉煤灰用量多达 400 万 t。1982 年用于工程填筑的粉煤灰约为 200 万 t，占总排放量的 25%，主要用于路基及建筑物承重地基。另外，回填制砖取土坑，覆土造田，吃灰量更大，约占排放量的 50%，如英国规划费莱顿（Fletton）地区制砖中心的取土坑，回填粉煤灰总量高达 3000 万 t。

美国粉煤灰在大宗方面的应用，比欧洲国家稍晚，但到 20 世纪 80 年代占有很大的比率，1985 年在回填方面的应用达 675.2 万 t，占总利用量的 38.8%，1991 年粉煤灰排放量为 8061.3 万 t，利用量为 2010.8 万 t，其中结构回填和路堤利用为 458.5 万 t（不计回填造地），占总利用量的 22.8%。

1981 年年底，我国上海宝钢利用湿排粉煤灰代土、代砂在炼钢活性石灰车间动力管道支架基础、烧结清循环水池、炼钢副原料坑车道、高炉、焦炉和转炉煤气柜以及练祁河边暗渠等回填工程中用作地基和填方材料，共利用粉煤灰 3 万 t。1986 年上海市建科所在南通经济技术开发区富金家俱厂、邮政大楼场地试点面积 27 万 m^2，用灰 23 万 t。1987 年同济大学在校内用粉煤灰填筑了一条河浜，在原土和粉煤灰回填层上建造了 12m×18m 的二层楼仓库。1985 年以后，宝钢电厂粉煤灰在宝山地区进一步得到推广。如 1985 年宝钢二期工程冷轧厂电缆沟回填，1986 年厂区经二路桥桥坡回填，1988 年厂区纬三路立交桥引桥回填，1989 年益昌薄板车间工程地坪回填，1990 年宝山月罗路路堤拓宽及束里桥桥坡回填，1991 年在 204 国道新浏河大桥引桥回填，总计用灰 19 万 t。1988 年上海建科院等在上海港务局关港作业区用粉煤灰填筑了河宽 28m、深 5.0m 的曹家港中段，用灰 1 万 t。1991 年上海浦东外高桥港区一期工程采用 20 万 t 粉煤灰回填陆域，是当时国内最大的粉煤灰回填工程。目前，我国的粉煤灰已成功应用于承重地基、道路路堤、桥台、拦水坝、挡土墙、矿井、海港工程等各个方面，取得了较好的经济效益和环境效益。

6.3.2 港口回填

粉煤灰在港口工程的回填应用包括港口地区的工程填筑（码头后方堆场、道路、建筑物地基、建筑物回填工程等）以及港口造地绿化等。粉煤灰很早就被应用于许多港口工程中。上海外高桥新港区一期工程用粉煤灰作回填材料，填筑面积 10 万 m^2，用灰量达 20 余万吨；上海港罗泾煤码头在贮灰场的粉煤灰地基上建设起来，用灰量高达 150 万 t；由天津港务局、天津大学、交通部天津水运工程科研所协作完成的"液态渣粉煤灰在港口工程中的综合应用研究"于 1992 年通过部级鉴定，并取得多项成果。

目前，我国沿海地区的粉煤灰综合利用形势较好，大多数地区粉煤灰处于供不应求的状态，因此粉煤灰在港口工程填筑中的应用也逐渐减少。港口工程对粉煤灰的品质要求根据 JTJ/T 260—1997《港口工程粉煤灰填筑技术规程》，电厂排放的硅铝型低钙粉煤灰，都可作为港口工程填筑使用。其化学成分 $SiO_2 + Al_2O_3$ 总含量宜≥70% 或 $SiO_2 + Al_2O_3 + Fe_2O_3$ 总含量宜≥70%；SO_3 含量不宜≤3%；烧失量≤12% 的粉煤灰可代替土进行填筑。用于港口工程填筑的粉煤灰粒径应控制在 0.001 ~ 2mm（1 ~ 2000μm）之间，且小于 0.074mm（74μm）的颗粒含量宜大于总量的 45%。同时粉煤灰的含水量应予以控制，对于过湿的粉煤灰应堆高沥干至接近或略低于最优含水量。填筑粉煤灰必须符合现行国家标准《建筑材料放射性核素限量》（GB 6566—2010）。检测方法是根据《水利工程地基设计规范》（JTS 147—2017）。用于港口工程的粉煤灰的相关检测方法如下：

（1）粉煤灰化学成分的测定，按《水泥化学分析方法》（GB/T 176—2017）执行；

（2）粉煤灰的物理力学性能试验，可按《土工试验方法标准》（GB/T 50123—2019）执行；

（3）粉煤灰填筑地基的承载力标准值，可参照《建筑地基基础设计规范》（GB 50007—2011）进行载荷试验确定；

（4）粉煤灰填筑地基的抗液化性能，可参考《水利工程地基设计规范》（JTS 147—2017）中相关方法判别。

港口工程应用的粉煤灰主要是低钙粉煤灰，低钙粉煤灰在港口工程的填筑应用工艺技术十分成熟。而高钙粉煤灰很少有港口工程应用案例，相关的应用技术有待进一步研究。粉煤灰在港口工程进行填筑时，一般采用湿法吹填或压实填筑方式。粉煤灰湿法吹填方式是指将粉煤灰浆体通过管道输送到充填地区进行填筑。吹填方式的粉煤灰地基上部强度高而下部强度很低，因此不能作为建筑物地基和道路地基，但是经加固后可作为堆场的地基使用。该方式在加固前应充分考虑排水措施。压实填筑是将粉煤灰调整至最优含水量（31% ~ 41%），运至现场后进行铺设碾压，粉煤灰应分层填筑，每层虚铺厚度，根据所用机具和试压结果确定压实遍数和压实厚度。施工过程中随铺随压，注意调节含水率、测试密实度。以下是目前主要技术问题及解决方法[40]：

（1）粉煤灰填筑后的浸水软化：粉煤灰作为填筑工程材料使用时，由于浸水影响，其饱和性能及其稳定性一直是土建工程地基设计中关注的技术问题。粉煤灰作为结构填方工程材料用于水位以下填筑，其饱水性能及稳定性，一直被工程技术界所关心。有关资料介绍，粉煤灰浸水后软化所产生强度降低值为未浸水时的20%~25%；压缩量增大的平均值约为10%。而根据荷载板试验，承载力降低为20%~30%。为此，粉煤灰用于地下水位以下的结构填方工程时，其强度应适当降低，工程设计时，也可以考虑预留沉降等技术措施。

（2）填筑粉煤灰的液化：饱和状态下的粉煤灰在遇有地震等循环荷载的作用时，灰体颗粒间的摩擦作用大大减弱，灰体的颗粒骨架在不排水状态下反复经受剪切变形会导致破坏，形成液化。液化会引起不均匀沉降、地坪隆起、开裂、地下建筑浮起等震害。饱和粉煤灰在动力作用下，不论是用作筑坝、回填材料，还是用作建筑物和堆场地基，都必须考虑液化问题。粉煤灰土属粉细砂土（无黏性土），其动力特性与天然砂无明显差别，粉煤灰土的液化一般都按饱和砂土液化的理论和估算方法进行研究。影响粉煤灰土液化的因素如下：（1）颗粒级配：中细粉砂较容易液化；其颗粒越均匀，越易液化。一般来说，不均匀系数小于10，尤其小于5时更易液化。（2）密实性：砂土密实性一般用相对密度D_r表示。1964年日本某地区地震资料表明，凡$D_r<50\%$的地方，普遍发生液化，$D_r>70\%$的地方，则未发生液化。（3）地下水条件：地下水位高，尤其地下水位接近地面时，液化现象更严重。

（3）填筑粉煤灰对环保的影响：粉煤灰填筑工程应符合环境保护要求。粉煤灰中含有有毒有害物质，因此填筑前应对其微量元素、浸出液、放射性进行分析，并搜集有关资料。必要时，应按国家有关标准进行检验，并采取有效的措施，防止对周围环境及生态环境的影响。其具体参考标准主要有：《建筑材料放射性核素限量》（GB 6566—2010）、《污水综合排放标准》（GB 8978—1996）、《地表水环境质量标准》（GB 3838—2002）、《生活饮用水卫生标准》（GB 5749—2006）等。

（4）高钙粉煤灰的应用：高钙粉煤灰是指CaO含量在10%以上的粉煤灰，一般由褐煤、次烟煤燃烧后得到。高钙粉煤灰可以代土填筑潮湿地区，具有施工设备简单、速度快、不需添加胶结材料、不受雨季影响等优点。但是高钙粉煤灰遇水后会出现体积安定性不良或膨胀开裂等现象，高钙粉煤灰在填筑工程中的应用在技术上还有待进一步研究总结。

在应用案例方面，山东黄岛发电厂二期贮灰池存放粉煤灰 600 万 m³，接近满负荷。青岛瑞源工程有限公司联合青岛建筑工程学院（现为青岛理工大学），提出利用水力充填的方法，将贮灰池中的粉煤灰长距离输送到黄岛黄辛路以北已废弃的盐场和海滩上，形成大片可利用的土地，实现粉煤灰填滩造地。1997 年 3 月粉煤灰吹填工作正式开始，历经两年半的时间，在完成二期贮灰池清除任务的同时，回填造地约 3800 亩，取得了可观的经济和社会效益。该工程利用长距离输送吹填新工艺，粉煤灰浆浓度一般在 40% ~50%；在回填区粉煤灰层上覆盖 50cm 土层，并对粉煤灰地基进行加固处理。加固方式为以散体材料或排水性能好的其他材料作为置换材料，挤入其中，形成复合地基[41]。

6.3.3 矿井充填开采和塌陷区回填

在大型煤电基地和粉煤灰排放量大的偏远地区，由于市场容量和经济效益等因素，粉煤灰无法在建材等领域实现大宗量资源化利用。为了减小粉煤灰带来的环境污染，并创造一定的经济价值，可以将粉煤灰用于矿井工程中，利用方式包括：粉煤灰用于井下充填开采、采矿塌陷区回填、注浆防灭火、注浆堵水、注浆堵漏等。其中粉煤灰利用量较大的主要是用作回填材料，用于井下充填开采和采矿塌陷区回填等。国家对粉煤灰的排放处理与矿区回填复垦都提出了严厉的要求。对于企业而言，将粉煤灰用于矿井回填，不仅可以减少电厂粉煤灰的处理费用，还能降低矿井回填的原材料成本等复垦费用，并获取国家矿山复垦、生态恢复相关的资金补贴。例如，山西省制定了《山西煤炭可持续发展基金征收管理办法》，根据使用分配方案，50% 的基金将用于跨区域生态环境治理，包括治理煤炭开采所造成的水系破坏、大气污染、植被破坏、水土流失、生态退化及土地破坏和沉陷引起的地质灾害等。

以下是目前主要技术问题及解决方法：

（1）粉煤灰中有害物质的污染问题：由于粉煤灰中含有一些有毒有害物质，不管是用于矿山充填开采还是用于采矿塌陷区回填复垦，都会存在一定的环境污染问题，主要是对土壤以及地下水的污染。经研究发现，粉煤灰中 Hg、Cr、Cd、Pb 对土壤污染较为严重，其中 Cd 元素污染最重，Hg、Cr、Pb 影响稍小。因此在回填或充填中应设计合理的填充方案，减少有害污染物迁移的机会，可以在回填的粉煤灰层上覆盖厚黏土层，并进行植树绿化或耕作养田；或者设置多层黏土隔离层等。

（2）粉煤灰的酸碱性问题：粉煤灰呈碱性，利用粉煤灰回填塌陷区后会形成过碱的土壤，使得塌陷区无法得到有效的复垦。在应用过程中，可提前采取化学方法进行中和处理，例如对粉煤灰充填沉陷区的土壤，可施加少量的石膏以改善土壤结构，降低土壤的板结程度。另外，因为煤矸石呈酸性，可采用将粉煤灰和煤矸石混合的方法将 pH 值调节至合适大小。

（3）粉煤灰膏体泌水率高：粉煤灰膏体泌水率高，在应用粉煤灰膏体作充填材料时，充填工作面开采时需充分考虑排水问题。

6.3.3.1 矿井充填开采

为推进煤炭生产方式变革，解决"三下"（建筑物下、铁路下、水体下等）压煤和边角残煤等资源开采问题，提高煤炭资源开发利用水平，改善矿区环境，促进煤炭工业健康发展，建设和谐社会，国家能源局、财政部、国土资源部和环境保护部在 2013 年 1 月份研究制定了《煤矿充填开采工作指导意见》，意见中明确规定煤矿企业法人是充填开采工作的第一责任人，全面负责本企业的充填开采工作，而总工程师是第一技术负责人，组织制订和论证充填开采方案。在建立标准和评估体系方面，由国家煤炭行业主管部门组织制定充填开采工艺、装备、材料、效果等行业技术标准，建立健全评估机制和评价体系。地方煤炭行业管理部门可根据国家有关规定，结合本地实际情况，制定区域性标准和管理办法。

近年来，部分煤矿企业积极探索并实施了煤矸石等固体材料充填、膏体材料充填、高水材料充填等多种充填工艺技术，集成创新了较为成熟的充填开采技术和装备，提高了资源回收率，取得了良好的社会和环境效益，具备了一定的推广应用条件。充填开采是指随着回采工作面的推进，向采空区充填煤矸石、粉煤灰、建筑垃圾以及专用充填材料的开采技术，目前充填开采技术在金属矿山应用较为成熟，充填材料主要是选矿尾砂和水泥，可以掺加少量的粉煤灰。充填开采技术对提高回采率、降低贫化率、减少因地下采矿造成的地表沉陷以及地表生态与植被破坏具有重要作用。在煤炭工业，充填开采是实现"三下"压煤开采利用的有效途径，充填开采技术在煤矿逐步得到工业应用。充填开采技术可分为非胶结充填法和胶结充填法。非胶结充填法是在煤层开采过程中向工作面后方采空区充填河砂、山砂、工业废渣、煤矸石或粉煤灰等充填材料，以支撑上覆岩层的顶板管理方法。非胶结充填法的充填材料缺乏内聚特性，不能形成稳固自立的充填体。胶结充填法主要是采用硅酸盐水泥或其他胶凝材料添加到充填料中，形成高质量分数料浆的充填方法，主要有高水固化胶结充填、膏体和似膏体泵送胶结充填等工艺。

粉煤灰和煤矸石是煤矿矿区的主要大宗固体废弃物，也是煤矿充填开采中最经济、最丰富的充填材料。粉煤灰在充填开采中有多种利用方式，包括以粉煤灰等固体废弃物为原料，添加专用胶结料配制成膏状浆体，通过运输系统充填到井下采空区；利用粉煤灰和少量添加剂配制高水膨胀充填材料进行充填开采；将粉煤灰与煤矸石以一定配比混合后直接干法充填等。

粉煤灰用作充填开采中的充填材料时对粉煤灰品质无特殊要求，应用过程中根据粉煤灰的成分和性能指标制定相应的配方即可。粉煤灰的用量根据充填工艺不同而不同。充填材料可完全以粉煤灰为原料或将粉煤灰与煤矸石配合使用。配合使用时，粉煤灰与煤矸石的应用比例一般为 $1:3 \sim 1:4$。

目前，粉煤灰用于矿山充填开采，包括充填采煤，在国内已有部分工业应用。应用案例有金川公司、新桥硫铁矿等金属矿山和新汶矿区张庄煤矿、冀中能源邢台矿、新阳煤矿等煤矿。下面是一些相关技术研究和成果。

煤炭科学研究院开采所、华北电力大学、平顶山矿务局三家单位承担完成的煤层采空区隔离充填研究，其方法是通过管路把粉煤灰浆直接送入煤层开采完的空区，灰水质量比为 $1:1.49 \sim 1:1.90$，灰浆的管道阻力小、流动性好，相同条件下较其他充填材料的充填距离更远。但是由于粉煤灰浆流动性好，如果在采煤工作面直接充填，则脱水比较困难，为此，在工作面每推进 $30 \sim 50m$，就留设宽约 $12m$ 的隔离煤柱，将工作面隔离成小的空区，使采煤区和充填区分开作业。脱水方法是在区段下部设置滤水眼，用水工布脱水，水经专用巷道流出。充填试验表明，此技术可减少地表移动和变形 $18\% \sim 40\%$，因而可在一定条件下采用[42]。

山东安实绿色开采技术发展有限公司的粉煤灰胶结全自动充填开采技术，以粉煤灰为主料，配以胶固料为辅料，配制成质量浓度为 50% 左右的料浆，不需泵送，直接通过管路使料浆流到充填工作面。粉煤灰和胶固料的配比约为 4:1，充填单位立方体积消耗粉煤灰 567kg，胶固料 127kg，水 693kg。该技术在山东滕州市刘村等煤矿进行了开采实践，取得了较好的效果。

山东淄博王庄煤矿与相关单位研发的高水膨胀材料充填开采技术，以粉煤灰或煤矸石等为主要原料，配合少量添加剂，制成高水膨胀材料作为充填材料，具有易输送、任意成型、易接顶等特点，较好地实现了矿井绿色充填开采。该技术在辽宁阜新矿业集团彩屯和艾友煤矿、山西晋城无烟煤矿业集团有限公司王台铺煤矿、陕西中能煤田有限公司、山东能源淄矿集团埠村煤矿和山东坤升控股集团有限公司等煤矿企业得到了较好的应用。

某煤矿以煤矸石、粉煤灰、胶结材料（水泥和添加剂）和水等为原料按照一定配比制作成充填材料，通过充填泵及管路输送到井下充填采空区进行充填开采。设计开采规模为79.62万t/年，每年可以处理煤矸石48.8万t，处理粉煤灰19.5万t。回采吨煤的粉煤灰处理量为0.245t[43]。

冀中能源邢台矿[44]利用中国矿业大学的建筑物下综合机械化固体充填采煤技术，将煤矸石和粉煤灰以合适比例混合，经投料系统、井下运输系统运至工作面，再通过充填开采输送机充填至生产采空区，由推压密实充填液压支架进行夯实。充填过程中粉煤灰与煤矸石的参考比例约0.31：1。

山东能源淄矿集团埠村煤矿利用高水膨胀材料充填采煤技术，大量消耗了该矿电厂排放的粉煤灰，提高了矿井煤炭资源综合利用率，实现了煤矿的保水和减沉开采并及时消除了采空区的长期存在，有效避免了顶板垮落、瓦斯聚集等自然灾害的发生。该技术[45]可适用于煤炭企业"三下"（建筑物下、铁路下和水体下）压煤和非煤矿山企业的采空区充填。其基本原理是以粉煤灰等硅质材料为主料，配以延缓剂、速凝剂、固化剂和膨胀剂等辅料，将各种原料混合后，制成固水质量比为1：1.3左右的充填料浆。通过管路输送到采空区，在2h以后开始固化并伴随体积膨胀，可实现主动接顶，在8h以后形成固体并可承受压力，最终单轴抗压强度最高可大于10MPa。其工艺流程如图6-7所示。利用该技术回收400万t"三上一下"压煤，可消耗利用160万t粉煤灰（尾砂、风积砂、煤矸石、建筑垃圾）等填入采空区。

总体上看，粉煤灰在矿山充填开采中的应用并不普遍。由于充填开采技术在煤炭工业的应用处于发展阶段，推广普及程度有限，加上原料来源、成本、性能等因素，充填开采的充填材料还是多以选矿尾砂、煤矸石等材料为主。

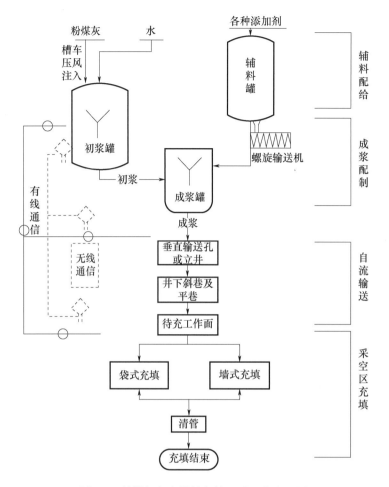

图 6-7　粉煤灰高水材料充填开采工艺流程图

6.3.3.2　采矿塌陷区回填

目前，我国采矿业每年占用和破坏的土地约达 3.4 万 hm² （公顷），其中煤炭开采形成的地面塌陷约达 3 万 hm²。用粉煤灰回填复垦采煤塌陷地是我国采煤塌陷地充填复垦的主要技术之一。早在 20 世纪 80 年代，该技术就在我国安徽淮北等地得到应用，复垦了大量土地。据专家介绍，目前在我国各个大型煤电基地，粉煤灰用于回填复垦十分普遍。粉煤灰用于采矿塌陷区回填时对粉煤灰无特殊质量要求。粉煤灰用于采矿塌陷区回填的工艺流程较成熟，其通用工艺流程如图 6-8 所示。具体实施步骤为[46]：

图 6-8　粉煤灰回填复垦工艺流程

（1）在计划复田的塌陷区内修筑贮灰场。用推土机、铲运车或汽车，按设计用量取出塌陷区的耕植土，运到塌陷区周围，压实筑坎形成贮灰场。在塌陷区积水时，可用挖塘机和挖泥船取土，存在塌陷区周围留作复土时使用。

（2）水力输灰。从电厂到复田的塌陷区之间铺设双排管道，把粉煤灰用水混合成灰水（灰水比一般为1:10~1:20），用电厂原有的泵类（pH泵、油隔离泵等）把灰水排放到贮灰场。

（3）沉淀和排水。灰场内的灰水随着充灰不断积累沉淀，沉淀后的水由贮灰场的排水口流经排水沟泄入河流或江湖。由于这种水的水质较好（pH值小于9），不影响民用和工业使用。

（4）复土造田。贮灰场沉淀的粉煤灰达到设计标高时停止充灰，将水排净，即可复土，复土厚度一般为10~50cm。

山东省石横发电厂[47]位于肥城煤田富区的石横镇，总装机容量为132.5万kW，年排出煤灰渣近90万t。自1980年以来，石横电厂已对肥城矿区3大片积水3~8m的塌陷区进行了粉煤灰充填，总充填面积达153.3hm²（公顷）。其主要过程为：利用电厂原有设备并增加所需要的输灰管道，将灰水直接充填到塌陷区。粉煤灰充填区域范围由漏斗形封闭积水区的范围来确定，面积不大，不修中间隔离坝。围坝建设以不出现溃漏和出现灰水四溢为原则，一般宽1~1.5m，高50cm。当充灰至一定标高后，一般低于农田原标高50cm，即可停止输灰。排水后，自然沉积一定时期。灰水由灰场的排水口流经排水沟，泄入河流或用于农田自流灌溉。灰场覆土前首先要进行灰场整平。覆土用的土源部分来自矿区周围即将塌陷或已经塌陷的地表土，部分结合标准精养鱼塘的建设取得。根据取土难易情况和运输的便利程度，覆土厚度按30cm、50cm、60cm不同标准灵活掌握，但最低不少于30cm。覆土完成后划方整平，试验种植各种作物，监测化验二次污染情况和作物产量。该电厂从1985年第一片塌陷区充填完成后，截止到2000年，有效种植农作物和蔬菜20余种，林木树种10余个，均生长良好，累计创收3000万元，节约粉煤灰处置费用350万元/年。

6.4 粉煤灰用于道路

粉煤灰用于道路，具有投资少、用量大、见效快的特点，是我国粉煤灰综合利用的重要途径。早在20世纪80年代初期，我国就开始推广在道路工程领域利用粉煤灰。上海、杭州、西安、天津等城市以及西三一级公路、沪嘉高速公路和 1996 年竣工的京塘高速公路等均大量使用了粉煤灰。现在，粉煤灰在道路领域的应用技术较为成熟，主要利用方式包括以填料用途用于路堤回填、以胶凝材料用于软基处理和路面基层、以粉煤灰混凝土形式用于道路路面和特殊道的应用。在软土路基或路面基层，主要与石灰或水泥混合代替或部分代替水泥等胶结材料。干和湿粉煤灰都可以用，粉煤灰掺量一般不超过 35%。在路面面层的应用主要是替代水泥用于水泥混凝土路面或替代矿粉用于沥青混凝土面层。目前使用 I 或 II 级粉煤灰，掺量一般在 15%～30%。填筑路堤使用湿排或调湿灰，每公里可消耗 5 万～8 万 t 粉煤灰。

公路按照功能不同可分为 5 个等级：高速公路、一级公路、二级公路、三级公路、四级公路。按照行政级别也有国家公路、省公路、县公路和乡公路（简称为国、省、县、乡道）以及专用公路五个等级。2016 年全国公路总里程 469.63 万 km 中，有 35.48 万 km 国道（7.5%）、31.33 万 km 省道（6.7%）、56.21 万 km 县道（11.9%）、339.77 万 km 乡道包括 225.05 万 km 村道（72.3%）以及 9.94 万 km 专用公路（2.1%）。农村公路属于四级公路，用于沟通县、乡、村等的支线公路，平均日交通量（ADT）为双车道 1500 辆以下而单车道 200 辆以下。全国的公路里程中以四级公路的乡道、村道为主。农村公路里程最高，增长率也高，性能要求低，只需满足四级公路或等外路标准即可，这一类公路的发展仍具有较大的潜力。现有 2010 年数据表明，高速公路每公里平均造价约 1.04 亿元，最贵；而根据山东省交通研究院估算，每 20km 的乡村道路，可消纳 10 万 t 固废，而每公里造价仅约为 12.5 万元，最便宜。图 6-9 是道路结构示意图。

☆ 道路一般由路基和路面组成，路堤是高于原地面的填方路基；路面主要由面层、基层和垫层组成。面层是直接同行车和大气相接触的层位；基层是路面结构中的承重层，底基层是在路面基层下用质量较差的材料铺筑的次要承重层或辅助层；垫层是介于基层和土基之间的层位，其作用为改善土基的湿度和温度状况，通常在土基湿、温状况不佳时设置。

图 6-9　道路结构示意图

农村公路的路面大多采用水泥混凝土、沥青混凝土、沥青碎石等。沥青面层厚度在 3 ~ 3.5cm 之间，水泥混凝土面层厚度在 15 ~ 18cm 之间。而基层或底基层厚度在 15 ~ 30cm 之间，大多采用石灰土、碎石灰土、水泥稳定土、水泥稳定砂砾、石灰稳定土、石灰工业废渣稳定土、二灰稳定土、天然砂砾等。垫层为天然砂砾、碎石、石渣、石灰土等，其厚度约为 15cm。根据现有标准，粉煤灰较少用于面层，主要用在基层或底基层。在一级公路以下的沥青混凝土面层材料中粉煤灰可取代矿粉但不得超过总量的 50%，其烧失量应小于 12%。在水泥混凝土路面材料中粉煤灰可取代水泥，而质量要符合Ⅰ、Ⅱ级干排或磨细粉煤灰，不能用Ⅲ级灰，但贫混凝土、碾压混凝土或复合式路面面层可使用Ⅲ级或以上的灰。用于基层的粉煤灰属于低钙灰；烧失量要求范围以不大于 20% 或者不大于 10%；湿排灰或干排灰加水润湿的含水量均宜保持在 25% ~ 35%；比表面积宜大于 $2500cm^2/g$（或 90% 通过 0.3mm 筛孔，70% 通过 0.075mm 筛孔）。用于路堤的粉煤灰也属于低钙灰；湿排（池灰）或者调湿（干灰掺水调湿）均可；烧失量宜小于 12%，超标的灰应做对比实验；粒径应在 0.001 ~ 2mm 之间，为便于压实，粒径小于 0.074mm 的颗粒含量宜大于 45%。由于基层的厚度以及用量大，粉煤灰用于基层比面层带来的经济性与用量更为显著。预估材料成本占总造价的 50% 以上，但根据现有的标准规范，粉煤灰能节省的成本有限，约 4%。

材料成本仍是最主要的道路造价成本，因此，建议实际调研现有公路造价及材料成本。在粉煤灰资源丰富的地区，特别是偏远地区，以分级粉煤灰，开发高粉煤灰掺量的农村低等级公路（县道、乡道、村道等），可大大降低工程造价，包括材料以及施工成本，协同其他固废，解决固废问题。同时需要建立相关道路标准。

粉煤灰填筑路堤可全用粉煤灰填筑，也可采用一层土一层灰的间隔灰的方式填筑，或采用石灰粉煤灰混合灰比例（6:94）填筑。使用的灰是湿排灰或调湿灰，调节含水量略高于最佳含水量。每公里可消耗 5 万 ~ 8 万 t 粉煤灰。根据《公路路基施工技术规范》（JTG/T 3610—2019），粉煤灰可用于各级公路路堤建筑，不得用于高速公路、一级公路的路床和二级公路的路床，对粉煤灰用于路基填筑要求烧失量不大于 20%，SO_3 含量宜不大于 3%，不得含团块、腐殖质及其他杂质。而粉煤灰在处理软土路基的应用方面，主要是代替或部分代替水泥等胶结材料。

粉煤灰是一种优良的道路工程材料，较传统材料具有独特的优势，在道路领域的应用技术成熟，在国内外的工程应用十分普遍。用于道路工程也是我国现今粉煤灰综合利用的重要途径之一。在道路应用方面，粉煤灰主要以填料用途用于软基处理及路堤回填，每公里可消耗 5 万 ~ 8 万 t 粉煤灰；还可以胶凝材料用途用于路面基层以及以粉煤灰混凝土形式用于道路路面。目前 I 级和 II 级粉煤灰已经广泛应用于高速公路路面。粉煤灰的掺量一般在 15% ~ 30%，与普通混凝土一样，通过掺加外加剂和激发剂或者使用超细粉煤灰，可以克服粉煤灰混凝土早期强度低的问题，使粉煤灰的掺量可达 30% ~ 50%，甚至高达 50% 以上。不过，高硫粉煤灰和脱硫粉煤灰在路面基层中的应用还有待进一步研究探索。

可以预期，未来粉煤灰仍将作为道路工程领域的重要材料之一，在公路、高铁和机场等工程中可得到大量应用。尤其是粉煤灰用于高铁高性能混凝土和机场道面混凝土的矿物掺合料更值得我们进一步探讨。

在铁路应用方面，粉煤灰可用于铁路路堤和铁路用高性能混凝土，但是粉煤灰在铁路路堤施工中的应用较少。由于粉煤灰颗粒细且失水后强度丧失，粉煤灰对铁路路堤在动力方面的稳定性，有待进一步深入研究。随着我国高铁建设的持续发展，粉煤灰常用作高铁高性能混凝土的矿物掺合料，所用粉煤灰主要是含碳量低、需水量小、细度模数大的 I 级或 II 级灰。高性能混凝土结构应用主要包括桥梁、隧道、轨道系统、涵洞等方面。

在机场道路应用方面，粉煤灰可用于机场道路的路面基层或底基层以及粉煤灰混凝土路面。随着我国机场数量和起降频次的增加以及机型的不断增大，普通场道基层和水泥混凝土路面，很难满足逐渐提高的飞机场场道技术性能和要求，特别是抗弯拉强度和耐久性。因此二灰混合料和水泥粉煤灰稳定碎石等半刚性基层应用越来越多，在道面水泥混凝土中掺入 II 级以上粉煤灰提高性能的方法也在逐步被推广采用。

粉煤灰在路面面层的应用主要是替代水泥用于水泥混凝土路面或替代矿粉用于沥青混凝土面层。目前使用 I 级或 II 级粉煤灰，掺量一般在 15% ~ 30%，与普通混凝土一样。通过掺加外加剂和激发剂或者使用超细粉煤灰，可以克服早期强度低的问题，粉煤灰的掺量可在 30% ~ 50%。在特殊道路工程中，也可用含碳量低、需水量小、细度模数大的 I 级或 II 级灰，在高铁桥梁、隧道、轨道系统、涵洞等工程中用作高性能混凝土的矿物掺合料，或用于机场道路的粉煤灰混凝土路面。

6.4.1 路基应用

粉煤灰在路基施工中的应用包括两个方面：一是作为轻质填料填筑

路堤，二是处理软土路基。根据《公路路基施工技术规范》（JTG/T 3610—2019），粉煤灰用于公路路基施工时有以下要求。

①不得用于高速公路、一级公路的路床和二级公路的路床；

②用于路基填筑，烧失量宜不大于 20%，SO_3 含量宜不大于 3%，不得含团块、腐殖质及其他杂质。

石灰与粉煤灰混合形成石灰粉煤灰，可做公路的基层或底基层用。根据《公路路面基层施工技术规范》（JTJ 034—2018），石灰工业废渣稳定土分为两大类：（1）石灰粉煤灰，（2）石灰其他废渣类。可利用的工业废渣包括：粉煤灰、煤渣、高炉矿渣、钢渣及其他冶金矿渣、煤矸石等。石灰工业废渣稳定土可适用于各级公路的基层和底基层，但二灰、二灰土和二灰砂不应用作二级和二级以上公路高级路面的基层。而二灰、二灰土、二灰砂的定义分别是一定数量的石灰和粉煤灰，一定数量的石灰、粉煤灰和土以及一定数量的石灰、粉煤灰和砂相配合，加入适量的水（通常为最佳含水量）经拌和、压实及养生后得到的混合料，其抗压强度符合规定的要求。石灰粉煤灰类混合料对粉煤灰的要求：SiO_2、Al_2O_3 和 Fe_2O_3 的总含量应大于 70%，烧失量不应超过 20%，比表面积宜大于 2500 cm²/g（或者 90% 通过 0.3mm 筛孔，70% 通过 0.075mm 筛孔）。干和湿粉煤灰都可以用，但湿灰的含水量不宜超过 35%。对于 CaO 含量 2%～6% 的硅铝粉煤灰，采用石灰粉煤灰做基层或者底基层时，石灰与粉煤灰的比例可以是 1：2～1：9。采用二灰土做基层或底基层时，石灰与粉煤灰的比例可用 1：2～1：4，石灰粉煤灰与细粒土的比例可以是 30：70～90：10。采用二灰级配集料做基层时，石灰与粉煤灰的比例可用 1：2～1：4，石灰粉煤灰与集料的比例应是 20：80～15：85。

粉煤灰的用量在路堤填筑可采用全粉煤灰填筑，也可采用一层土一层灰的间隔灰的方式填筑，或采用石灰粉煤灰混合灰比例（6：94）填筑。例：某高速公路长 16km，填筑高度 2.6m，路基宽度为 24m，边坡为 1：1.5，采用粉煤灰全灰填筑，可利用粉煤灰 120 万 t[48]。以下是主要技术问题及解决方法：

（1）粉煤灰的内摩擦阻力大，固结时间长，会导致路堤产生沉降。一般采用限制填筑高度的方法来解决，填筑高度一般不宜大于 6m。

（2）粉煤灰水稳定性比较差，地表水影响会使其失稳。在路堤正式施工前，应截断流向路堤作业区的所有水源，并应在设计边沟的位置上开挖临时排水沟，保证施工期间排水畅通。

（3）粉煤灰的毛细现象比较发达，不利于粉煤灰填筑体的稳定及防止冻胀。松散粉煤灰的毛细水作用十分强烈，碾压密实的粉煤灰毛细水上升高度会下降许多。一般粉煤灰压实度达到重型击实标准的90%时，毛细水上升高度为0.8~1.2m，比黏性土在同样条件下毛细水的上升高度大一倍。除增加粉煤灰压实度外，还可采用粉煤灰路堤底部离地下水位和地面长期积水位一定的距离，或在地下水位与粉煤灰之间设置砂垫层作为隔离层，以阻止毛细水侵入粉煤灰路堤。

（4）粉煤灰黏结力差，易受冲刷。为防止路堤边坡受自然和人为因素的破坏，提高边坡稳定性，可采用路堤两侧边坡培土、植草皮或用沥青封闭等办法进行防护。

（5）粉煤灰具有明显的冻敏性，易影响路堤的强度和体积稳定性[5]，在正常冰冻深度以下限制使用。

（6）当粉煤灰中SO_3含量高时，可能对混凝土构筑物发生硫酸盐侵蚀。在构造物的附近、台背以砂粒填筑，避免SO_3含量高的粉煤灰与混凝土的接触[48]。

在应用实例方面，朔州环线西南段高速公路，被列为山西省重点工程之一，是山西省高速公路西纵和"十一环"骨架的重要组成部分。项目全长64.4km，用地6680.79亩，投资概算39.45亿元。由于施工路段紧邻神头二电厂，粉煤灰堆放量很大。结合粉煤灰强度高、自重轻，质量高于黏土的优点，以及吸水性强，施工简便，不会因雨期而影响施工进度，项目部经过反复论证和先行试验，制定出了一套科学利用粉煤灰的工艺。该项目南环共计13.5km路基填方全部采用了粉煤灰填方，利用粉煤灰160多万立方米。据介绍，该路段地处城区，取土困难。取土不仅要支付取土资源费、苗木补偿费等费用，还要为恢复耕地支付费用，而购买、处理粉煤灰填方筑路的成本仅是买土费的1/3。该工程粉煤灰填筑施工关键：一是在施工前，要及时截断流向路堤作业区的水源，并开挖临时排水沟，保证施工期间的排水顺畅。二是凡粉煤灰与桥涵等混凝土结构、金属结构物接触处，均在结构物表面均匀涂刷一层沥青，以防腐蚀。三是严格做好试验路段，其中每一项工艺参数对今后的施工都起着关键的指导作用。四是对粉煤灰的颗粒组成以及最大干密度和最佳含水量有显著差别的灰源，进行分别堆放，分段填筑，分段检测。五是摊铺后的粉煤灰，及时碾压并与包边土同步，做到当天摊铺，当天碾压完毕，以防水分蒸发影响压实效果。六是铺筑上层时，严格控制卸料汽车的行驶方向和速度，以免造成压实层松散，有松散层后要及时补压。

6.4.1.1 路堤

在道路工程中利用粉煤灰最为广泛的是粉煤灰路堤，尤其是在软土地基和高填方路段，能充分利用粉煤灰质量轻的特点，减轻路堤自重，减轻软土地基的附加应力，从而减少总沉降并提高路堤的稳定性。由于粉煤灰的密度较小，压缩性低，因此，不仅在一般地基上可用粉煤灰修筑路堤，而且粉煤灰路堤还可修筑在高压缩性的冲击层或泥炭层上。

早在 20 世纪 50 年代，英、美等国就开始对利用粉煤灰填筑公路路堤进行了较系统的研究。英国为了确定粉煤灰路堤的设计参数和施工方法，使公路工程师们相信粉煤灰在填筑路堤中的适用性，修筑了一系列试验路堤工程。到 60 年代中期已取得了令人鼓舞的成果。最终使粉煤灰纳入了类似美国州际公路系统的大不列颠整个快速干道的施工计划。进入 70 年代以后，美国及一些欧洲国家相继效仿，在高速公路上予以应用[49]。以下是粉煤灰用于路堤填筑的技术特点：

（1）粉煤灰的活性：目前公路用粉煤灰主要是湿排灰（池灰）和调湿灰，均属于硅铝型的低钙粉煤灰，本身活性很低，不具有或只有很小的水硬性，需加入活化剂后才能起凝结硬化作用。此外，经高温燃烧后，本身亦无塑性，单独使用不可能形成具有水硬性及水稳性材料，可作为路堤填料使用。

（2）粉煤灰的烧失量：粉煤灰中未燃烧的炭将降低其干密度，减少活性面积，限制了胶结物质的物理接触。因此，常把含炭量高的粉煤灰列为质量不好的筑路材料，而把含炭量在 10% 以下的作为优质粉煤灰。目前，国内绝大部分电厂湿排灰的烧失量一般为 3% ～11%，均能作为路堤填料使用，其中用于高速公路、一级公路路堤的粉煤灰烧失量宜小于 12%。

（3）粉煤灰的密度小：由于粉煤灰路堤自重减轻，总沉降量可比黏土减少 20% ～30%，相应地也提高了地基的抗滑稳定性，粉煤灰路堤的极限高度可增加 30% ～40%。这种性质对于那些必须在软土基上填方的工程特别有利。传统软基处理方法工程费用较昂贵。如果使用粉煤灰作为轻质材料代替土等填筑高路堤，使路堤自重减轻，这样可达到不做软基处理或减少路堤沉降的目的，从而可获得明显的经济效益。

（4）粉煤灰的最佳含水量和击实特性：粉煤灰的最大干密度和最佳含水量宜通过击实试验法实测确定，最佳含水量范围为 31% ～41%，具有较宽的含水量区间；压实后的最大干密度在 900 ～1300kg/m³。击实特性是研究路堤压实工艺不可缺少的指标，对路基的稳定、强度、施工周期有重要影响，粉煤灰的最佳含水量和最大干密度与击实功之间的关系与土类似，即随击实功的增大，最佳含水量下降，最大干密度增加。从粉煤灰的击实试验可以看出，含水量与干密度的关系曲线比较平缓，说明适宜压实所需的含水量幅度范围大，容易压实。若压实度要求 $K =$ 90%（重型标准），含水量可在 30% ~ 50% 之间。粉煤灰的持水率高，含水量变化范围大，特别是在未达到最大干密度之前比达到之后更为突出，即使在最佳含水量相差一半的情况下，干密度仍可达最佳值的 80% 左右，这一特性给路堤施工带来方便，更有利于雨期施工。粉煤灰填筑路堤的施工方法与土相同，易于操作。压实曲线平缓，施工含水量较易控制。又由于压实系数比土小，路堤建成后沉降量小，有利于保证路面的平整度。

（5）粉煤灰的强度特性：粉煤灰具有相当于甚至优于常规回填材料的独特性质。室内试验表明：许多粉煤灰的抗剪强度参数完全满足公路路堤的要求。一些具有自硬性的粉煤灰，抗剪强度随时间的发展，还可超过土的抗剪强度。

（6）粉煤灰的渗透性：粉煤灰具有较大的渗透系数，在粉煤灰堆场中，堆高后很容易沥干。在填筑路堤时，雨后 1 ~ 2 天，水分渗出就可以碾压，这对路堤施工是非常有利的，而在相同的条件下，黏性土则需 3 ~ 7d 才可碾压。室内试验测定渗透系数表明，渗透系数随压实度的提高而减小。粉煤灰与亚黏土相比，在相同压实条件下粉煤灰的渗透系数（6.8×10^{-5} cm/s）比亚黏土的渗透系数（1.49×10^{-7} cm/s）大 400 ~ 500 倍。不过粉煤灰的渗透性也有不利的一面，如果在粉煤灰路堤成型后长年累月有水渗入路堤，会溶解并带走粉煤灰中的部分盐分，然后析出，使粉煤灰中留下空洞而影响密实；同时浸出液中多含有重金属元素而对环境造成污染。所以粉煤灰路堤在施工时应有土质护坡包裹，在成型后应有石灰土层作密封，封住路基上方水渗入。[50]

在粉煤灰路堤填筑技术方面，粉煤灰路堤施工步骤基本与土路堤施工方法类似，仅增加包边土和设置边坡盲沟等工序。其工序包括基底处理、粉煤灰储运、摊铺、洒水碾压、养护与封层等，尤其是压实度能否满足要求又取决于摊铺厚度、含水量控制、压实机械种类和碾压遍数[51]。以下是路堤填筑相关步骤。

（1）粉煤灰储运：过湿的粉煤灰应该堆高沥干水分，过于干燥的粉煤灰应在摊铺前 2 ~ 3d 堆场洒水闷料，使含水量调节到略高于最佳含水量，尽量减少现场的洒水工作量。

（2）粉煤灰摊铺：粉煤灰路堤采用水平分层填筑施工法。当分成不同作业段填筑时，先填地段应按 1∶1 坡度分层留台阶，使每一压实层相互交叠衔接，搭接长度应大于 150cm，以保证相邻作业段接头范围的压实度。

（3）粉煤灰的含水量控制：粉煤灰的含水量宜在灰场调整后再运到工地直接摊铺辗压，以达到提高工效之目的。已摊铺的粉煤灰因故造成过湿或过干，应晾晒或喷洒水分调整含水量，以达到最佳含水量。

（4）粉煤灰碾压：摊铺后的粉煤灰必须及时碾压，做到当天摊铺，当天压实完毕，以防水分蒸发而影响压实效果。碾压时应使粉煤灰处于最佳含水量范围内。

在相同地基条件下，粉煤灰路堤的极限高度比土质路堤可提高30%左右，沉降量减少20%左右。利用粉煤灰填筑路堤可不用掺加其他材料，采用全粉煤灰填筑，也可采用一层土一层灰的间隔灰的方式填筑，或采用石灰粉煤灰混合灰（比例6：94）填筑。为了增强土基的强度，减少路基的不均匀沉降，在粉煤灰路堤下宜采用土工格栅＋石灰土，构造人造硬壳层板体处理软土地基。采用此法填筑路堤比采用其他方法节约造价30%左右，施工时路堤边坡采用黏土包边，并用草皮防护。

6.4.1.2　软土路基

粉煤灰在软土路基处理时主要是在换填、袋装砂井、砂桩、塑料排水板、粉喷桩、加固土桩、水泥粉煤灰碎石桩等方法中代替或部分代替水泥等胶结材料，主要作用是固结使整体稳定，提高承载能力。

6.4.2　路面基层应用

粉煤灰具有活性，能与石灰或水泥反应。粉煤灰本身并不具有水硬性，与水拌和后也不能产生明显的强度，但粉煤灰与石灰或水泥混合后，再加入水，则能与 $Ca(OH)_2$ 等发生反应，生成水化硅酸钙、水化铝酸钙和水化硅铝酸钙等水化物。利用粉煤灰的活性，使其与一定剂量的石灰或水泥混合就形成了无机结合料，利用这种无机结合料稳定碎石、砂砾等粗骨料或砂、土等细骨料，可作公路的基层或底基层用。与柔性材料相比，具有一定的抗拉强度和抗压强度，并具有比柔性材料高得多的回弹模量，但其刚度又比水泥混凝土小得多。

石灰和粉煤灰混合的稳定类材料（二灰）前期强度较低，但其后期强度较高。同其他半刚性基层相比，石灰粉煤灰稳定类基层具有独特的优点，其干缩系数、温缩系数都较其他材料要小。石灰和粉煤灰混合料常见的有二灰土、二灰碎石、二灰砂砾和二灰砂等。二灰混合料基层、底基层是路面工程中用灰量较大的工程。二灰土多用于路面底基层结构，二灰碎石或砂砾多用于路面基层。目前，石灰粉煤灰类半刚性基层已成为我国公路，尤其是高速公路路面基层的主要类型之一。根据《公路路面基层施工技术细则》（JTG/T F20—2015），石灰工业废渣稳定土可适用于各级公路的基层和底基层，但二灰、二灰土和二灰砂不应用作二级和二级以上公路高级路面的基层［这是因为二灰、二灰土和二灰砂仍具有较大的干缩和温缩现象，在强度未充分形成时，表面遇水软化或易产生唧泥（浆）冲刷破坏］。

在季节性冻结区和多年冻土区的高级、次高级路面，在有可能发生冻胀的路段，为防止不均匀冻胀，一般可应用冰冻稳定性好的石灰粉煤灰稳定粗粒土材料，并加设防冻层或导温性能差的材料做隔温层。与砂石和石灰土比较，可以减轻路面的冻害，使路面结构有较高的整体强度。对于塑性指数高的土而言，掺加粉煤灰可以改善其物理力学性能，大大减少基层出现干缩裂缝和油面反射裂缝的现象。如在粉性土中掺入部分粉煤灰，再与石灰拌和，其强度将能得到比较好的改善。

水泥粉煤灰混合料是前些年发展起来的一种新型路面基层材料，目前尚无相应的技术标准及规范。水泥粉煤灰与石灰粉煤灰的反应机理很相似，实际上都是氢氧化钙粉煤灰玻璃体的反应。它是在粒料中加入一定量的粉煤灰后用水泥进行稳定，利用水泥水化硬化快和粉煤灰的火山灰活性，使基层材料既具有较高的强度（特别是早期强度），又有很好的抗裂性能，同时还具有可集中厂拌、原料丰富、受自然因素影响小等优点。根据《公路路面基层施工技术细则》（JTG/T F20—2015），石灰粉煤灰类稳定土对粉煤灰的要求是：

（1）粉煤灰中 SiO_2、Al_2O_3 和 Fe_2O_3 的总含量应大于 70%；

（2）粉煤灰的烧失量不应超过 20%；

（3）粉煤灰的比表面积宜大于 2500 cm^2/g（或 90% 通过 0.3mm 筛孔，70% 通过 0.075mm 筛孔）；

（4）干粉煤灰和湿粉煤灰都可以应用，但湿粉煤灰的含水量不宜超过 35%。

在工艺配方及粉煤灰用量方面，二灰土常用的石灰：粉煤灰：土的配合比是 12：35：53，要求粉煤灰的掺量一般宜不超过 35%。二灰碎石的配合比以石灰：粉煤灰：碎石为 5：13：82 为宜（质量比）。二灰碎石成型后，强度较高，水稳性好，用在公路工程建设中结构显得合理。一是它们强度及各方面都能保证沥青面层和混凝土面层的质量，延长了使用寿命；二是二灰碎石价格相对低廉；三是二灰中粉煤灰的细度极容易满足要求；四是二灰碎石施工比较容易，也易控制；五是二灰碎石铺筑的基层强度好，耐久性好，变形小，具有很高的使用价值。

目前主要技术问题及解决方法如下：

（1）粉煤灰质量：粉煤灰的质量是其在路面基层施工中应用的重要技术因素。

（2）从微观上看，粉煤灰是一种表面光滑而致密的空心球体。它的矿物组成主要是铝硅酸玻璃体，含量一般在70%以上，玻璃体含量越多，活性越高。粉煤灰的烧失量也影响其活性，因为烧失量大即含炭量大，表示煤粉燃烧不充分。炭的存在，遇水后形成一种憎水性薄膜，包围在粉煤灰颗粒表面阻碍水分向颗粒内部渗透，从而影响粉煤灰的火山灰活性作用，使粉煤灰的活性降低[52]。粉煤灰的活性还与其比表面积有关，比表面积越大，活性越好。由此可以看出，粉煤灰的活性，是决定其在路面基层施工中应用的关键指标。在一些地区，针对有些粉煤灰活性差的问题，一般采取掺配一定数量的外加剂来提高粉煤灰的活性，增加早期强度。不过外加剂对粉煤灰的后期强度没有太大影响。外加剂用量一般为混合料中各种细粒料总质量的1%左右。常用的化学外加剂是碳酸钠和硫酸钠[53]。掺入水泥也可提高二灰混合料的早期强度。不过，在实际应用过程中，只要操作得当，对粉煤灰的品质要求可以适当放宽。如龙岩漳平电厂粉煤灰虽然其 SiO_2、Al_2O_3 的含量低于70%，且烧失量较高（略大于20%的规范要求），属于低品位硅、铝型粉煤灰，但只要严格操作规程，认真施工，低品位的硅酸粉煤灰通过用无机结合料水泥、石灰稳定后，掺加适量水泥外掺剂，可提其高强度，增强板体性，是铺筑路面基层难得的好材料[54]。

（3）配合比：配合比的设计问题是影响二灰混合料质量的关键因素。配合比的设计主要是确定二灰（石灰、粉煤灰）与骨料的质量比及二灰中石灰与粉煤灰的质量比。根据不同的强度要求，采用比例不同，石灰与粉煤灰的比例为 1：2～1：4，石灰粉煤灰与土的比例可以是 30：70 左右。制备不同比例的石灰粉煤灰混合料，如 20：80、25：75、30：70 等，确定其各自最大干密度和最佳含水量，确定同一龄期和同一压实度试件抗压强度，选用强度最大时的石灰粉煤灰比例。根据所选二灰比例，制备同一种土 4～5 种不同配合比的二灰土。确定各种二灰土最佳含水量和最大干密度，按规定达到的压实度进行试件制作。在规定温度下保湿养生 6d，浸水 24h，进行无侧限抗压强度试验，根据所要求强度标准，选定合适的混合料配合比。

（4）粉煤灰中的硫含量问题及脱硫粉煤灰的应用：粉煤灰在道路工程利用中的主要有害成分是 SO_3，SO_3 含量的高低将对二灰碎石基层强度产生不同程度的影响。粉煤灰中硫含量超标对混合料的体积安定性具有很大的影响，强度形成过程中体积剧烈膨胀，从而使道路发生开裂、膨胀等病害。有研究认为其机理是粉煤灰中的三氧化硫与石灰中的钙、镁离子结合形成的硫酸盐在养生过程中不断吸水膨胀[55]。目前，《公路路面基层施工技术细则》（JTG/T F20—2015）中对粉煤灰的含硫量并未提出明确要求，给路面基层的原材料质量控制带来隐患。吴德曼等认为在使用二灰基层时，粉煤灰中三氧化硫含量一般不应超过3%。因此，高硫粉煤灰和脱硫粉煤灰在路面基层施工中的应用还有待进一步研究探索。

6.4.3　路面面层应用

粉煤灰在路面面层中的应用主要是以粉煤灰混凝土的形式，替代水泥用于水泥混凝土路面或替代矿粉用于沥青混凝土面层。粉煤灰应用于混凝土路面主要有以下优点：

（1）节省水泥，降低工程造价；

（2）改善混凝土工作性，使路面更光滑平整；

（3）改善混凝土的长期性能，后期抗折强度极高，而且随着后期强度的提高，耐磨性也大大提高；

（4）改善混凝土抗硫酸盐腐蚀性、碱骨料反应等耐久性能；

（5）降低混凝土水化热，延缓凝结时间。

但也有以下缺点：

（1）干缩大，易产生塑性收缩干裂；

（2）路面早期强度低，易发生施工期断板；

（3）路面需要延长养护期。

我国早在20世纪50年代曾用粉煤灰作掺合料进行过路面施工，但因为当时水泥强度等级低，粉煤灰也未经处理，质量差；而且对粉煤灰作用机理的认识存在局限性，配合比设计方法不成熟，应用情况不理想，没有在路面工程得到应用，只是较多应用于水工混凝土工程中。70年代，由于粉煤灰的处理技术和质量不断提高，在混凝土路面中的应用有所发展，各地相继进行了试验工程，据资料介绍，试验路段使用情况良好。例如，北京西门立交桥一段路面，采用掺30%粉煤灰混凝土浇筑，使用20多年仍完好；河南焦作在同期，也采用掺30%粉煤灰混凝土铺筑一段试验路，使用情况也尚好。到80年代末，粉煤灰在碾压混凝土路面中的应用，取得了很大的进展。广西南宁—北海的公路采用掺46%粉煤灰的碾压混凝土施工了1.1km路面，水泥用量仅为154～171kg/m³，混凝土28d抗折强度在4.5～8MPa；180d芯样的换算抗折强度为 5.8 ~ 7.6MPa。山西、安徽、河南等地也用粉煤灰掺量在 40% 以上的碾压混凝土筑路，混凝土 28d 抗折强度均达到 4.5MPa 以上，经济效益显著。此外，粉煤灰在滑模混凝土中的应用，也取得了良好的效果。例如，河北省于 1992 年 8—9 月在天津—高碑店高等级公路上，采用滑模摊铺 8km 混凝土路面，粉煤灰掺量为 15% ~ 30%，混凝土 90d 钻芯劈裂抗拉强度折算成抗折强度，不掺粉煤灰的为 6MPa，掺 15% 粉煤灰的为 6.5MPa，掺 30% 粉煤灰的为 7MPa。山东省第一条滑模摊铺的粉煤灰混凝土路面工程——青威一级路工程，使用青岛电厂 II 级干排粉煤灰，超量取代 15% 水泥，混凝土 28d 抗折强度为 6.49MPa，而且超过了不掺粉煤灰基准混凝土的 6.37MPa。28d 后现场钻芯 3 组，钻芯劈裂抗拉强度折算成抗折强度，分别为 6.34MPa、6.78MPa 和 6.40MPa。掺入粉煤灰不仅提高了混凝土的后期强度，而且使混凝土黏聚性增加，减少了泌水和离析；滑模摊铺后不塌边，易于抹面；夏季施工，还可以延缓混凝土凝结时间。

自 1994 年开始，我国开始将粉煤灰应用于高速公路水泥混凝土路面中，主要使用在滑模机械摊铺的高速公路水泥混凝土路面中，还有些应用在振碾混凝土路面中，其他施工方式使用得很少。国家"八五"科技攻关项目"滑模摊铺水泥混凝土路面修筑成套技术研究"中，将粉煤灰在滑模机械施工的水泥混凝土路面中的应用作为生产高性能道路混凝土的重要技术手段之一，进行了广泛深入的研究和大规模推广。目前，I、II级粉煤灰已经广泛应用于高速公路路面[56]。

用于路面混凝土面层的粉煤灰，根据《公路水泥混凝土路面施工技术规范》（JTG/F 30—2003），应满足表 6-11 中的 I、II 级粉煤灰的要求，不得使用 III 级粉煤灰。贫混凝土、碾压混凝土基层或复合式路面下面层应满足 III 级或者 III 级以上粉煤灰的要求，但不得使用等外粉煤灰。

表 6-11　粉煤灰分级与质量指标

等级	细度① (45μm 气流筛，筛余量) (%)	烧失量 (%)	需水量比 (%)	含水量 (%)	Cl⁻ (%)	SO₃ (%)	混合砂浆活性指数②	
							7d	28d
I	≤12	≤5	≤95	≤1.0	<0.02	≤3	≥75	≥85 (75)
II	≤20	≤8	≤105	≤1.0	<0.02	≤3	≥70	≥80 (62)
III	≤45	≤15	≤115	≤1.5	—	≤3	—	—

注：①45μm 气流筛的筛余量换算为 80μm 水泥筛的筛余量时换算系数约为 2.4；
②混合砂浆的活性指数为掺粉煤灰的砂浆与水泥砂浆的抗压强度比的百分数，适用于所配制混凝土强度等级 ≥C40 的混凝土；当配制的混凝土强度等级 <C40 时，混合砂浆的活性指数要求应满足 28d 括号中的数值。

粉煤灰用于混凝土路面工程时，其掺量一般在15%～30%，与在普通混凝土的掺量一样。如果通过掺加外加剂和激发剂或者使用超细粉煤灰，可以克服高粉煤灰掺量导致混凝土早期强度低的问题，粉煤灰掺量可达到30%～50%，甚至高达50%以上。粉煤灰在路面面层施工中应用的主要技术问题与粉煤灰混凝土的相关问题，在建材领域报告中已做介绍。

6.4.4　铁路应用

粉煤灰在铁路中的应用包含两个方面，一是粉煤灰用于铁路路堤，二是粉煤灰用于铁路用高性能混凝土。粉煤灰在公路路堤施工中的应用技术比较成熟，应用十分普遍，但是粉煤灰在铁路路堤施工中的应用较少。截止到2000年，我国粉煤灰在铁路路堤中的实际应用仍属空白，当时已完成较大规模试验与研究的只有两处：（1）济南铁路局设计院在青岛电厂专用线上进行的一段粉煤灰填筑路堤和粉煤灰加筋土挡墙的试验；（2）铁道部第一勘测设计院主持在包兰线包头西至打拉亥段，多为高填方的粉煤灰填筑铁路路堤试验段的实验研究[57]。2002年，铁道部第一勘测设计院主持，与兰州铁道学院和呼和浩特铁路局共同完成的铁道部结合工程建设应用项目——粉煤灰填筑铁路路堤的试验通过科技成果鉴定，这也标志着我国首次把粉煤灰用作铁路路堤获得成功。不过从文献资料和新闻报道上看，近年来粉煤灰在铁路路堤填筑方面的研究和应用很少。

根据已有的研究，12m的高填方1.5∶1边坡率粉煤灰路堤在铁路重载工况下仍是稳定安全的。可见粉煤灰路堤本身一般是稳定安全的，设计中更应注意的是地基的强度与沉降。由于粉煤灰颗粒细且失水后强度丧失，将粉煤灰应用于铁路路堤，在设计上更应注重工程防护和施工工艺。同时，粉煤灰铁路路堤的稳定性不在于静力问题而在于动力问题，在动力方面的研究还有待进一步深入。

随着我国高铁建设的发展，粉煤灰在铁路中的应用主要集中在高性能混凝土方面。粉煤灰是高速铁路高性能混凝土常用矿物掺合料，应当采用含碳量低、需水量小、细度模数大的粉煤灰。其技术等级可为Ⅰ级或Ⅱ级。高性能混凝土结构应用主要包括桥梁（桩基、承台、墩身、桥面混凝土、封端混凝土、托盘顶帽、支座、预制梁）、隧道（衬砌）、轨道系统（有砟轨道、无砟轨道、轨道板、轨枕、低弹模低强度缓冲层、沥青混凝土）、涵洞等方面。根据《客运专线高性能混凝土暂行技术条件》（科技基〔2005〕101号），用于高铁高性能混凝土矿物掺合料的粉煤灰应满足表6-12所示技术要求。

表6-12 粉煤灰的技术要求

序号	名称	技术要求	
		C50 以下混凝土	C50 及以上混凝土
1	细度（%）	≤20	≤12
2	氯离子含量（%）	不宜大于 0.02	
3	需水量比（%）	≤105	≤100
4	烧失量（%）	≤5.0	≤3.0
5	含水量（%）	≤1.0（干排灰）	
6	SO_3 含量（%）	≤3.0	
7	CaO 含量（%）	≤10（对于硫酸盐侵蚀环境）	

例：由中国水利水电第八工程局有限公司承建的京沪高速铁路济宁市曲阜至邹城段，全长 20.38km，桥梁占 80%。该路段属寒冷地区，冻融破坏环境等级为 D1，碳化环境等级为 T3，部分区域有硫酸盐侵蚀等级为 H1、H2。施工方利用邹县发电厂生产的 I 级粉煤灰和某公司 S95 矿渣粉为矿物掺合料，根据初选配合比强度与耐久性能试验结果、相关资料和实际施工经验进行分析，选定粉煤灰、矿渣粉各掺 20%，水胶比 0.44、0.42、0.40 作为施工配合比，配制高性能混凝土。同时对选定混凝土配合比进行有害物质计算，结果显示有害物质含量远小于规定值（《客运专线高性能混凝土暂行技术条件》：胶凝材料中碱含量不大于 3%，原材料中氯离子含量不大于 0.1%）。实际应用中，全工程共有墩身、承台 465 个，采用此选定配合比浇筑混凝土 9.5 万 m³，其中 C30 共计 5.7 万 m³，C35 承台、墩身 3.7 万 m³，C40 墩身、垫石 1000m³。

6.4.5 机场道路应用

粉煤灰在机场道路中的应用也包括两个方面，一是粉煤灰以二灰混合料或水泥粉煤灰稳定碎石的形式用作机场道路的路面基层或底基层；二是粉煤灰以粉煤灰混凝土的形式用于机场混凝土路面。

随着起降要求的提高以及机型的不断增大，对飞机场场道的技术性能和要求也越来越高，普通级配碎石、级配砂砾和石灰土基层，无论从其物理力学性能还是使用的耐久性方面都满足不了日益增长的道面承载力和其他要求。因此，机场路面越来越多地采用二灰混合料和水泥粉煤灰稳定碎石等半刚性基层。

参照《军用机场场道工程施工及验收规范》（GJB 1112A—2004），水泥、石灰或石灰工业废渣稳定土中结合料技术要求，粉煤灰中 SiO_2、

Al_2O_3 和 Fe_2O_3 的总含量应大于 70%，粉煤灰的烧失量不应超过 20%；粉煤灰的比表面积宜大于 2500cm²/g（或 90% 通过 0.3mm 筛孔，70% 通过 0.075mm 筛孔），湿粉煤灰的含水量不宜超过 35%。水泥粉煤灰稳定碎石结构目前尚无相应的技术标准及规范，但是从原理上看水泥与粉煤灰和石灰与粉煤灰的反应机理很相似，实际上都是氢氧化钙与粉煤灰玻璃体的反应，只不过水泥能够形成较高的早期强度。一般工程采用符合石灰粉煤灰稳定土基层技术规范中技术要求的粉煤灰。

例：在景德镇罗家机场扩建工程中，机场场道基层结构中采用石灰、粉煤灰、黏土（二灰土）和石灰、粉煤灰、碎石（二灰碎石）的半刚性基层，共利用粉煤灰 6 万 t，经国家民航局验收完全达标，取得了较好的效果。该工程利用景德镇发电厂灰库的粉煤灰，二灰土和二灰碎石配合比分别为 12：22：55 和 12：33：66，得到的混合料抗压强度、水稳定性、抗冻性、弯拉强度都完全满足使用要求并优于传统级配碎石和级配砂砾基层材料。

机场水泥混凝土道面处于自然环境中，受各种因素的影响较大。同时，机场道面还承受机轮荷载的反复作用。由于飞机质量大（目前飞机最大质量可达 500t），对道面产生的荷载应力较大，要求道面水泥混凝土具有较强的抗弯拉强度。普通水泥混凝土由于其材料组成等原因，很难提高抗弯拉强度和耐久性。在道面水泥混凝土中掺入粉煤灰，不仅具有优化资源配置、提高经济效益和有利于环境保护等功能，而且可以提高水泥混凝土的和易性、降低混凝土早期的水化温度。其二次水化作用能提高混凝土后期的强度，同时能改善道面水泥混凝土的耐久性。在机场水泥混凝土道面工程中要求使用干排粉煤灰，要求达到国家标准《用于水泥和混凝土中的粉煤灰》中 II 级以上粉煤灰的技术要求并采用磨细粉煤灰[58]。

6.5　粉煤灰用于农业领域

粉煤灰在农业中的应用，实际上就是通过改良土壤、覆土造田及灰场种植、粉煤灰化肥等手段，促进种植业的发展，以便达到提高农作物产量、绿化生态环境、培植优良饲草等目的。粉煤灰的农业利用具有投资少、容量大、需求平稳、见效快、无须提纯等特点，且大多对灰的质量要求不高，是适合我国国情的一条综合利用途径。加强这方面的研究应用，可以有效地促进农业增产增收，能开拓我国粉煤灰综合利用的新局面，产生明显的环境和经济效益。如何开发利用粉煤灰，解决粉煤灰污染和占地的问题，已成为国内外关注重点。粉煤灰在农业方面的应用要注意其重金属的积累量，如镉、砷、钼、硒、硼、镍、铬、铜、铅等，以及全盐量与氯化物和土壤的 pH 值。我国在粉煤灰用于农业方面的研究工作始于 20 世纪 60 年代后期，已取得一定进展。我国在 2011 年粉煤灰年产生量达 5.4 亿 t，综合利用量达 3.67 亿 t，其中在农业中的利用量约占综合利用总量的 5%。

1991 年颁布的《中国粉煤灰综合利用技术政策及其实施要点》中，粉煤灰在农业上的推广应用技术主要包括三个方面。

一是粉煤灰改良土壤。粉煤灰具有特别的物理和化学性质，可以改良土壤的质地，使其密度、孔隙度、通气性、渗透率、三相比关系、pH 值等理化性质得到改善，可起到增产效果。农业用的粉煤灰应符合《农田粉煤灰有害元素控制标准》（GB 8173—1987）的要求。用粉煤灰改良黏性土、酸性土效果明显，但对砂质土不宜掺施粉煤灰。每亩掺灰量应控制在 15~30t（累计量），撒施地面前应加水泡湿避免飘飞，进行耕翻的深度不能小于 15cm，以便使粉煤灰与耕层土壤充分接触。3~4 年轮施一次即可。在适宜的施灰量下，对小麦、玉米、水稻、大豆等能增产 10%~20%。

二是覆土造田及灰场植树。粉煤灰因与黄褐土的化学成分及营养成分基本相同，只是氮含量远低于黄褐土，成为粉煤灰直接用于造地还田的理论依据。但在灰场植树前最好覆盖 30~60cm 厚的黏土，以免土壤脱水。种植适合在中性或弱碱性土壤中生长的杨槐、榆树等树种或小冠花优良饲草。种植前应施入适量有机肥和氮肥，并要保持一定水分。对无灌溉条件的山区灰场，严重干旱时可采用挖渠引排灰水灌溉，在新、老灰场都可实施。如造田则需要研究植物的选择及粉煤灰对植物的影响。目前已经有纯灰种植研究科研成果，需进一步研究粮、油、菜、瓜果等可食作物的种植。

三是作为肥料。粉煤灰含有植物生长所需的 16 种元素和其他营养物质，但其含量少，需经过加工处理，才可以当化肥原料。目前已开发出粉煤灰硅钙肥、粉煤灰硅钾肥、粉煤灰磁化复合肥、粉煤灰氮磷肥等。需要参照的标准包括中华人民共和国农业行业标准《肥料汞、砷、镉、铅、铬含量的测定》（NY/T 1978—2010）和《复混肥料（复合肥料）》（GB 15063—2009）。粉煤灰在农业上的应用在追求经济效益的同时，一定要注重环境效益和社会效益。粉煤灰的化学组成使粉煤灰可用作植物养料源的同时，高量的污染元素存在也可能造成土壤、水体与生物的污染。有研究表明，在贮灰场纯灰种植条件下，苜蓿、玉米、黍、兰草、洋葱、胡萝卜、甘蓝、高粱等，都有砷、硼、镁和硒的明显积累趋势，这是因为重金属的生物效应与土壤的 pH 值有很大的关系。因此在粉煤灰的农耕土壤中要注意土壤及农作物中重金属的积累。

粉煤灰作为煤燃烧的主要产物，在全球范围内产量大，资源丰富，各国利用率差别很大，增加粉煤灰的利用率能带来极大的经济效益。粉煤灰的农业利用，是一个巨大的生态工程，涉及物理、化学、生物、地质等学科，还有许多基础研究工作要做。粉煤灰特有的理化性质能极大地改善土壤的结构以及营养状况，富含的营养元素能为植物提供充足的养分，适当比例的加入能提高植物的产量。但是在粉煤灰的利用过程中还存在许多问题，如使用量过大会大大提高土壤的 pH 值，使土壤含盐量过高，造成植物中毒，抑制植物生长，重金属含量超标，从而影响食物链，高量的污染元素存在也可能造成土壤、水体与生物的污染等，所以对粉煤灰的研究还需要继续深入，以降低粉煤灰中不利于土壤改良和植物生长的物质含量和粉煤灰处理的高额费用，从而提高粉煤灰的利用率。另外，粉煤灰的理化性质由多种因素决定，理化性质的变化范围很大，所以在利用之前要对所选粉煤灰进行详细的检测。粉煤灰用于造地还田、土壤改良，因其用量较大，运输费用较高，是其利用的主要障碍，应因地制宜，就地取材。以下进一步说明粉煤灰在土壤改良、覆土造田及灰场治理、肥料方面的利用。

6.5.1 土壤改良

根据粉煤灰特有的物理和化学特性，粉煤灰用于土壤改良主要集中在其对土壤理化性质的影响，及对生物活性的影响，进而对土壤植物生长特性的影响。在物理特性方面，研究表明，粉煤灰施入土壤后，不仅可以明显地改善土壤结构，且能降低容量，增加孔隙度，提高地温，缩小膨胀率，增强土壤微生物活性，有利于养分转化，有利于保湿保墒，使水、肥、气、热趋向协调，能为作物生长创造良好的土壤生态环境。印度坎普尔地区的导水性实验、南昌的土壤孔隙实验、西北农学院的土壤膨胀实验（防止土壤流失）都已经有力地证明了粉煤灰改善土壤结构的效果。在化学特性方面，根据土壤学观点，植物生长所需营养元素有20 多种，其中 C、N、O、H、P、Ca、Mg 等在植物内含量较高，称为大量营养元素，而粉煤灰中含有 Ca、Mg 和丰富的 Fe、Mn、B、Zn、Cu、Co 等微量元素。粉煤灰的化学性质如 pH 值、电导率（EC）等也是决定其利用价值的重要指标，这些指标在土壤化学性质的改良中起着重要作用。

总之，粉煤灰的特有理化特性决定了其可用于土壤改良，可改善土壤的理化性质，为植物生长发育创造良好的土壤环境条件。但需要注意的问题是，粉煤灰的施入是否引起土壤和粮食的污染，随食物链进入人体危害人体健康，因此粉煤灰应严格按照相关标准进行应用。

在目前技术现状方面，粉煤灰特定的理化性质，决定了其在土壤改良方面的价值。在粉煤灰的形成过程中，由于表面张力作用，粉煤灰颗粒大部分为空心微珠；微珠表面凹凸不平，极不均匀，微孔较小；一部分因在溶融状态下互相碰撞而连接，成为表面粗糙、棱角较多的蜂窝状粒子。粉煤灰中的硅酸盐矿物质和炭粒具有多孔结构，是土壤本身的硅酸盐矿物质所不具备的。粉煤灰颗粒粒径集中在 0.5~300μm 之间，粒度较细，密度大多在 2.1~2.4g/cm³，小于土壤颗粒的密度 2.6~2.8g/cm³，表观密度主要在 0.5~1.2g/cm³，比表面积大，一般为 600~3500cm²/g，在粒径上相当于砂级。粉煤灰一般颗粒组成中以微细玻璃体为主，细砂-粉砂占91.9%。澳大利亚、苏联和我国粉煤灰中细砂-粉砂占 67%~98%，此种颗粒组成也是粉煤灰可用作土壤改良剂的原因。粉煤灰吸附气态水的能力和吸水的能力与土壤大致相同。最大吸湿水在 8.2~4.5g/kg 间，最大吸水量在 417~1038g/kg 间，不同粉煤灰之间的差异较大。对粉煤灰元素分析表明，自然界中所有化学元素在粉煤灰中都可测得，且粉煤灰中 Si、Ca、Mg、K、S、Mo、B 元素可调节 pH 值、补充中性微量元素。下面主要从粉煤灰对土壤物理和化学性质的改良两方面进行了分析。

1. 粉煤灰对土壤的物理性质的改良

（1）由于粉煤灰的密度比土壤低，粉煤灰的加入能不同程度地降低土壤的密度。Adriano[59]等证明，随着粉煤灰的加入，土壤密度会降低，但是不会产生显著的影响。

（2）粉煤灰可减少土壤膨胀率。西北农学院测定表明[60]：施用粉煤灰 22.5t/hm²，土壤膨胀率由 7.10% 下降到 4.99%，有利于防止土壤流失。土壤的渗透率会随着粉煤灰的加入而降低，Chang[61]等认为，加入少量的粉煤灰会增加土壤的渗透率，但是随着粉煤灰的加入量增大，土壤的渗透率会显著下降，沙壤土的渗透率是粉煤灰的 105~248 倍，将粉煤灰加入到沙壤土中会大大降低其渗透率。

（3）粉煤灰的比表面积影响着土壤中的养分离子和土壤溶液之间的存在状态，阳离子交换量和营养吸收都和比表面积有着重要的关系[62]。

（4）粉煤灰作地温调节剂。吴家华[63]等的试验表明，施用粉煤灰对 5cm、10cm 土层温度影响较大，5cm 土层内随粉煤灰施用量不同土层温度从 0.5℃ 到 1.1℃ 增加不等；10cm 厚土层中均提高 0.5℃ 左右。

（5）粉煤灰可降低黏土中黏粒含量，改良土壤质地，可调节土壤三相比。土壤施入粉煤灰后减少了黏粒含量，降低了密度，增加了孔隙度，随之土壤的三相比也发生了变异。水稻盆栽试验发现[64]：75t/hm² 粉煤灰，可使黏土中小于 0.01mm（10μm）的物理黏粒含量由 44.65% 下降到 41.97%，且土壤黏粒含量随施用量的增加而增加。在沙质土上施用粉煤灰后液、气相均有所增加，但其大小孔隙比均未达到适宜的程度，所以增加效果不明显。在黏质土壤上施用粉煤灰后，不仅改变了土质，调节了三相比，而且使其大小孔隙的比例处于最适宜的 1：2～1：4 范围。土壤掺入粉煤灰后，透水性增强，通透性能变好，有利于供给植物必需的氧、氮、二氧化碳，加速土壤有机质分解和有利于微生物的活动。

（6）粉煤灰还可以改善沙质土壤的持水性，提高其抗旱能力。印度坎普尔地区试验表明，施粉煤灰 20t/hm²，土壤导水率由 0.076mm/h 增加至 0.550mm/h，土壤稳定性指标从 12.5 增至 14.08。研究表明，当加入粉煤灰的比率超过 25%（质量）时，土壤的保水力会随之增加。粉煤灰除了能提高土壤的保水能力外，还能提高植物的有效含水量，而且随着粉煤灰加入量的增加而增加。试验证明，粉煤灰加入量为 560t/hm² 时土壤有最大的保水能力和最多植物有效含水量。Pathan[61] 等试验中，将大气压在 −5kPa（田间持水量）到 −1500kPa（凋萎系数）的土壤含水量定义为植物有效含水量，结果表明，土壤中植物有效含水量随着粉煤灰的加入而逐步增加。

2. 粉煤灰用于土壤的化学性质的改良

粉煤灰的化学性质是决定其利用价值的重要指标，主要包括化学元素的组成和含量、pH 值、电导率（EC）等，这些指标在土壤化学性质的改良中起着重要作用。

（1）化学元素组成和含量是粉煤灰的重要性质，它对改善土壤养分状况起到了重要的作用，大部分粉煤灰主要由 Si、Al、Fe、Ca、Mg、Na、K 组成，其中 Si 和 Ai 是主要成分。不同粉煤灰之间元素的种类和含量有所不同，在某些细颗粒的粉煤灰中富含 As、B、Mo、S、Se、Ag、Be、Cd、Cr、Ni、Pb、Ba、Hg、Co 等，粉煤灰除几乎不含 N 外，大量元素的化学组成与土壤或岩石母质具有很多相似之处。粉煤灰 K、P 含量及其有效性也大致同土壤相似。

粉煤灰化学组成和含量主要通过以下几个方面对土壤化学性质起作用：

①施用粉煤灰可以提高土壤中有效磷含量，也可以提供一定数量的

Ca 和 Mg。Ca 和 Mg 通常是以氧化物形态存在，具有较高的有效性。山西省在潮土上每亩施灰 5~60t，94 个施灰土壤测定的平均有效磷含量为 26.2mg/kg，比无灰对照土壤（平均 19.4mg/kg）增加 35.1%[65]。用粉煤灰改良沙质土壤后，对土壤磷的吸附和解吸试验表明：对磷的最大吸附量发生在高用量粉煤灰改良的土壤上，这对保持土壤磷的有效性有重大意义。

②粉煤灰对土壤有效硅含量的影响。在有效硅含量较低的土壤上，将粉煤灰与腐殖酸配合施用，可以提高土壤中有效硅含量。

③粉煤灰施入土壤能为作物提供一定数量的微量元素。粉煤灰所含的 Fe、Zn、Cu、Mo、B 是植物生长发育所必需的，这些微量元素的含量差异很大，但均比土壤的含量高。未处理的粉煤灰中常含有高含量的 B，过量的 B 会导致植物中毒。经过处理的粉煤灰，不仅能淋溶掉大量的可溶性盐，降低对植物的危害，还能保持原有的缓冲能力，从而提高粉煤灰的利用率。

④重金属元素（Pb、Cd、Cr、Hg、As）的含量在《土壤环境质量农用地土壤污染风险管控标准（试行）》（GB 15618—2018）中有筛选值和管控值的要求，而且重金属元素在粉煤灰中也是以集合体的形态存在，活性都很低。大量的实验研究表明，在控制标准以下的粉煤灰每公顷施用量不超过 600t 时（1 公顷 = 15 亩，不超过 40t/亩），不会造成土壤、粮食的污染。

（2）粉煤灰 pH 值的变化范围在 4.5~12.0 之间，这主要取决于燃烧的煤中硫的含量以及燃烧对粉煤灰中硫含量的影响。印度的煤中硫含量较低，但是粉煤灰中硫的含量却高达 40%，美国的煤中硫的含量较高（2%），但粉煤灰中硫的含量却相对较低（5%~10%），不同地区的粉煤灰之间的 pH 值也有很大差异，所以在粉煤灰利用之前对其进行 pH 值的测定是非常必要的。粉煤灰 pH 值一般呈碱性，尤其是干灰（原灰）的 pH 值，最高可达 12 以上，呈现强碱性，但干灰经放置半月至一个月后，或者是与水接触后，其 pH 值可降至 9.0 以下，这样施入土壤不会对土壤酸碱反应造成太大影响[66]。

Adriano[67]等研究结果表明，随着粉煤灰的加入，土壤的 pH 值不断升高，而且第 1 年出现在 0~15cm 的深度，随后第 3、4 年出现在 15~30cm 的深度，更深土层的 pH 值没有受到明显影响。pH 值还影响着土壤中某些元素的含量和存在方式，碱性粉煤灰的加入会提高土壤的 pH 值，从而使土壤中养分失衡，导致 P 的含量下降，Ca、K、S 的含量增加。Mulford[68]等研究证明，高 pH 值会降低苜蓿中 Zn 的含量，从而导致其产量下降。速效 B 会随着土壤 pH 值的下降而增加，土壤中 B 的含量和粉煤灰的增加量呈线性关系[69]。Phung[70]等研究证明，微量元素的溶解性随着 pH 值的下降而增加，酸性土壤中加入碱性粉煤灰可以降低 Fe、Mn、Ni 和 Pb 的溶解性。从而可以在规定的标准内加大粉煤灰的用量[70]。

（3）电导率 EC 值能反映土壤的缓冲能力，也代表了土壤的盐分状态。Mass[71]认为，高于 3.0ds/m 的 EC，由于渗透势和盐分含量过高，会阻碍大部分草本植物的生长。Adriano 等研究中，EC 随着粉煤灰的加入而升高，而且在第 1 年 0～15cm 土层中变化最明显，接下来几年土壤中的盐分逐渐渗透进入更深层的土壤，第 4 年粉煤灰加入对土壤盐分的影响基本消失。粉煤灰的阳离子交换量（CEC）大于土壤，较高的 CEC 能改善土壤对养分离子的储存能力，还能提高土壤中养分的有效含量。

粉煤灰可含镉、汞、铅、铬、砷等微量元素，及放射性铀、钍、锶、钡等核素，还有苯并花［Bap］。其中粉煤灰中有害元素在农作物的含量应低于国家和世界标准。农用粉煤灰中污染物的最高允许量应符合《土壤环境质量 农用地土壤污染风险管控标准（试行）》（GB 15618—2018）有管控值的要求，见表 6-13。

表 6-13　《土壤环境质量 农用地土壤污染风险管控标准（试行）》
（GB 15618—2018）管控值

重金属含量 （mg/kg）	不同的 pH 值	pH≤5.5	5.5＜pH≤6.5	6.5＜pH≤7.5	pH＞7.5
	检测方法	管控值	管控值	管控值	管控值
砷 As	HJ 680	200	150	120	100
镉 Cd	GB/T 17141	1.5	2.0	3.0	4.0
汞 Hg	HJ 680	2.0	2.5	4.0	6.0
铅 Pb	HJ 780	400	500	700	1000
铬 Cr	HJ 780	800	850	1000	1300

其中农作物重金属含量应按照《食品安全国家标准　食品中污染物限量》（GB 2762—2017）对粉煤灰进行限制。

粉煤灰测定当前有中华人民共和国电力行业标准《粉煤灰中砷、镉、铬、铜、镍、铅和锌的分析方法（原子吸收分光光度法）》（DL/T 867—2004），确保达到标准后再进行应用，使粉煤灰更加充分合理地利用于土壤改良。

以下是目前技术的主要问题和解决方案：

（1）粉煤灰的施用量：施用粉煤灰前，一定要对当地土壤的组成情况和粉煤灰的化学成分有比较充分的了解和认识，然后确定最佳用灰量。一般来讲，黏重地宜多施，每亩施量在 15～20t，施用量过少，起不到改土增温作用；施用过量，表土过虚，不利扎根立苗。此外，施用含 F、B、Se、Hg、Pb、Cr、Cd 等元素量较高的粉煤灰，要适当减少灰量，以降低不良影响。其中，粉煤灰中强致癌物质 3,4-苯并芘对土壤的影响。根据山西 9 个大、中型燃煤电厂的粉煤灰取样分析，3,4 苯并芘的含量为 0.8 ~ 2.0μg/kg，低于当地土壤本底值含量 5 ~ 6μg/kg，与农用污泥排放标准规定的 5μg/kg 相比小得多。因此，可以认为，使用粉煤灰后，土壤中 3,4 苯并芘的含量不会增加。

（2）粉煤灰的施用方法：粉煤灰质细体轻，最易飘飞，施用时应加水泡湿，然后撒施地面，并进行耕翻，翻深度不能小于 15cm，以便使粉煤灰与耕层土壤充分接触。作为土壤改良剂，粉煤灰不能在作物生长期间使用。

（3）粉煤灰的施用年限和效用：粉煤灰改土效果长，能连续使作物增产，往往来年比当年增产幅度还大，所以不必每年施用。大体上 3 ~ 4 年轮施一次即可。此外，粉煤灰中的营养元素含量低，又缺乏有机质，所以它既不能代替有机肥料，也不能代替速效性化学肥料。

（4）对农用粉煤灰中主要放射性成分和活度分析及作物吸收、累积进行试验研究，为进行宏观调控和限制粉煤灰中高毒性核素 ^{226}Ra、^{228}Ra 进入农田生态系统，为合理利用与开发粉煤灰资源提供科学依据，防止或减少放射性物质对土壤、作物、地下水、地表水的污染[72]。

尽管施用单一废弃物改良土壤的历史比较悠久且已取得不少成果，但因其可能存在理、化、生性质不平衡因素，容易造成不同类型、不同程度的负面影响。近年来，为了追求改良后土壤理、化、生性质的全面优化，并尽可能降低环境造成的负面影响，采用若干种固体废弃物配施改良土壤正成为国内外研究的热点。科研人员通过粉煤灰与污水沉淀物相互作用的试验，证实了粉煤灰与多种废弃物不仅相互作用，分别释放营养元素外，也能增加土壤中生物化学作用的强度，通过彼此物理、化学和生物化学作用，使一些难以被植物吸收利用的元素得以活性化或被吸附存储，进而促使土壤中更多的营养元素被植物吸收利用。即废弃物之间的互相作用促进多种营养元素的有效化。

粉煤灰与污泥、猪粪、锯末等有机固体废弃物配施于土壤，不但可以协调改良土壤的物理性质，均衡改善土壤的营养状况，利用粉煤灰碱性对污泥等有机固体废弃物的钝化作用，还可以有效减轻或缓减污泥中的重金属如 Hg、Zn、Cu、Ni、Cd 在土壤和植物器官中的积累。总之，粉煤灰与有机固体废弃物配施改良土壤能够体现出多方面的优点，配施改良土壤应该是粉煤灰处置和利用的很有前景的一种途径。

在应用案例方面，贾得义[73]等人利用焦作电厂新厂灰色粉煤灰和老厂黑色粉煤灰，对土地进行改良，并试种小麦。试验结果表明，施用粉煤灰比不施用粉煤灰，小麦产量有明显增加；在一定施用量范围内，施粉煤灰多比施粉煤灰少，产量也有明显增加。每亩施 2500 ~ 10000kg 粉煤灰作底肥的稻田，水稻可增产 5% ~ 17%，且水稻根系发达，茎秆粗，抗倒伏能力强，籽粒饱满，出米率高；亩施 1750kg 粉煤灰的花生地比亩施 1750kg 马粪的花生地，花生平均亩产多 113kg；亩施 10t 粉煤灰的土豆地比不施粉煤灰的土豆地，土豆增产 10% ~ 20%，亩产可达 1200kg。同样，对白薯、玉米、高粱、大豆、果树等多种经济作物地，施加一定量粉煤灰，也能达到增产增收的良好效果。

6.5.2 覆土造田及灰场治理

利用粉煤灰改良土壤对作物增产效果是肯定的，但是距电厂远的地方施用粉煤灰就有一定困难。原因在于运输量大，运输费用高，运输中又会造成二次污染。因此，近年来人们因地制宜开展淤地造田，填坑造地，对已贮满的灰场采取覆土造田等方式开发利用粉煤灰，取得了较好的社会、经济效益。粉煤灰用来填充塌陷地、山谷以及烧砖毁田造成的坑洼地都可以造田，这对我国人多地少的国情具有十分重要的意义。

粉煤灰可以回填在山谷低洼地区代替土壤，用作耕地。粉煤灰中含有很多植物和作物有用的营养矿物成分以及一些植物必需的微量元素，对植物的生长有一定的促进作用，因此，用粉煤灰覆盖土壤来种植一些经济作物和植树造林，对于土壤资源相对匮乏的山区尤为适合，可以取得良好的经济、生态效益。据测定，粉煤灰和黄褐土的化学成分及营养成分基本相同，只是氮含量远低于黄褐土[74]。这为粉煤灰直接用于造地还田提供了理论依据。据报道，在电厂的粉煤灰场上种植几十种作物，均获得较好的收成。胡振琪[75]等对覆土后土壤的理化性状进行了研究，结果表明，土壤密度和含水量均大于农业土壤，钾和速效钾含量充足，而全氮和速效磷含量偏低，可以通过补氮及增施有机质等措施加以改善。淮北市在粉煤灰覆土上栽植杨树、水杉、雪松、刺槐等，重点发展林业，取得良好的生态效益和环境效益。

相关试验结果表明，在纯灰场上种植的几十种作物，均获得较好的收成。秦岭电厂是我国西北地区最大的燃煤火力发电厂之一，年排灰渣约 75 万吨，由于其利用率低，给电厂周围人们的生存环境造成了严重污染。为防止二次污染，扩大耕地，对填充塌陷地、山谷以及烧砖毁田造成的坑洼地都可以造田；对已贮满粉煤灰的贮存场，可采取覆土造田或纯灰种植。只要管理得当，均可取得较好的社会、经济、环境综合效益。

在粉煤灰的品质要求与用量方面，粉煤灰纯灰种植和覆土造田应按照《土壤环境质量 农用地土壤污染风险管控标准（试行）》（GB 15618—2018），其中农作物重金属含量国标值应按照《食品安全全国家标准 食品中污染物限量》（GB 2762—2017）对粉煤灰进行限制。

使用粉煤灰也存在一些不利因素，如粉煤灰的物理性质（导热性、导电性、膨胀性、渗透性等）与土壤有显著差别，因此利用粉煤灰覆土造田、灰场种植需注意几个问题。以下是目前主要问题和解决方案：

（1）在灰场植树前要覆盖 30 ~ 60cm 厚的黏土，最低不得少于30cm，以免土壤脱水、漏风和移栽树苗时根部形成土台降低成活率。

（2）选择适宜树种。由于粉煤灰中含有大量的氧化钙，土壤呈现碱性，需要挑选适合在中性或弱碱性土壤中生长的杨槐、榆树等树种栽种。目前纯灰种植已有研究科研成果，需进一步研究粮、油、菜、瓜果等可食作物的种植。种植农作物有待进一步研究。

（3）补充有机肥。粉煤灰中含有大量的无机肥，但不含有机质，因而在植树前最好用较好的有机肥作底肥。树木成活后，地面的落叶之类的有机物不要清除，待其腐烂后渗入土层，增加土壤的有机物，补充树木生长所需的营养成分。

（4）粉煤灰充填覆土种植作物的氟污染问题。因为煤的产地不同，使得各种化学元素种类和含量也不同，甚至会有较大的差别。任启勤[76]等选取淮北电厂粉煤灰充填区覆土年限不同的三个覆盖区调查，检测种植作物后土壤和小麦中的氟含量，结果显示随着覆土种植年限的延长，下层粉煤灰中水溶性氟逐年下降，土壤中水溶性氟含量逐年上升，呈现负相关，这种变化达到一定年限后渐趋缓慢。三区小麦中氟含量均有显著的差别，且与土壤中的水溶性氟含量呈正相关，表示覆土种植区的土壤和小麦均受粉煤灰中氟的污染。因此在粉煤灰种植区，为防止氟通过食物链进入人体，可选择番茄、棉花、烟草、芹菜、黄瓜、南瓜、大豆等抗氟性强的作物，以减少氟的富集。

在应用实例方面，唐山市区的大城山占地 $6 \times 10^6 m^2$，多年来由于各厂矿、企业和个人在山上采石，使大城山的植被、地面遭到严重破坏。唐山电厂从 1966 年开始用粉煤灰充填这些大大小小的石头坑，累计覆土造地 400 余亩。这些"再造地"经大城山园林处播种育苗，已绿化成林，树木成活率达 90%。

秦岭电厂是我国西北地区最大的燃煤火力发电厂，年排灰渣约 75

万吨，由于其利用率低，给电厂周围人们的生存环境造成了严重污染。1981 年，经陕西省农科所介绍，秦岭电厂开始在灰场上试种一种从国外引进的小冠花优良饲草，经几年的试种和大规模种植试验，获得了成功，真正起到了覆盖粉煤灰防止二次污染、净化环境的效果。且经几年种植，灰场田得到了熟化，到 1987 年灰场田亩产鲜草 5000kg。目前，该项目已在陕西、甘肃、山西、河北、山东、广西等省区部分电厂推广。淮北市以粉煤灰充填塌陷地发展生态林业为主的利用模式适用于由多层煤回采并已稳定的深层塌陷区，以任圩塌陷区为代表，该区地下水硬度大，积水浅，土壤盐渍重，不适于水产养殖和农业种植，经过试验，以粉煤灰充填塌陷区并复土造林，重点发展林业生产效果良好，目前栽植的杨树、水杉、雪松、龙柏、刺槐等长势良好，已形成一定规模的"小森林"环境，林场在生态效益和环境效益方面取得明显成效。

6.5.3 化肥

粉煤灰中含有人们迄今所知植物生长所需的主要的 16 种元素和其他营养物质，被人们称为长效复合肥。但由于其含量少，要依靠粉煤灰的天然肥效来达到一定的增产效果，必须施用大量粉煤灰，这在农业生产中很难做到。因此人们便以粉煤灰为主要原料，经过加工处理，制成多种高效复合化肥，起到了用量少、增产效果好、价格便宜的作用。

可以利用粉煤灰中含有的矿物成分和元素作为化肥的添加剂，或经磁化处理也可得到一种效果很好的复合肥。目前已开发出粉煤灰硅钙肥、粉煤灰硅钾肥、粉煤灰磁化复合肥、粉煤灰氮磷肥等，经过在田里的试用，作物生产长势良好，产量增效明显。以下是比较成熟的技术的介绍：

（1）粉煤灰通过煅烧转相制成肥料：粉煤灰中含有二氧化硅、氢氧化镁、氢氧化钾等化合物，在 900℃ 的高温下可以烧结形成化合物。这种化合物中的硅、镁、钾等元素，容易被农作物吸收。日本生产的粉煤灰硅酸钾肥料，含 K_2O 20%，SiO_2 35%，MgO 4%，B_2O_3 0.1%，CaO 8%，该肥料易溶于酸，不溶于水，无吸湿性，肥效长。河南省农科院制作的粉煤灰复混肥与普通复混肥相比，多种作物增产幅度 2.0% ~13.5%，表现出"等量等效"作用。合肥工业大学研制的粉煤灰复混肥经大田试验[77]，优于等养分的常规施肥，也优于 25% 低浓度氮磷钾复混肥，分别增产 19.1% 和 8.9%。

（2）粉煤灰磁化肥是通过使粉煤灰磁化，增强肥效，降低用灰量，从而达到作物增产的目的。据 1980—1983 年在鄂、鲁和浙等地施用磁化粉煤灰的试验[78-79]，水稻、小麦、油菜和大豆均获得增产，其效果与施用未磁化粉煤灰相似，磁化粉煤灰增产的效果可保持一到数季作物。李宝贵等[80]在红壤和水稻土上试验，施用0.2%经0.3～0.5T磁化处理粉煤灰，第2季早稻在红壤上仍增产4.0%～19.4%，水稻土上增产22.5%～25.9%。总的来说，磁性粉煤灰肥料在黏质红壤、砂姜黑土和水稻土上施用效果较好；新开垦的瘦瘠红壤效果最佳，可增产50%～80%；板结土壤和酸性土壤施用效果也特别明显；高肥力土壤和砂质土壤效果不明显[81]。

（3）粉煤灰磁化复合肥是在粉煤灰中添加适量的N、P、K养分和其他微量元素，经造粒、磁化或磁化造粒得到的复合肥[82]，它集粉煤灰、磁效应和常规化肥作用于一体，是一种具有较全元素的物理化学性质的肥料。孙克刚等[83]研究发现，粉煤灰磁化复合肥用量为921.38kg/hm²棉花产量比当地习惯肥料增产14.4%～16.9%，比等量的氮磷钾复合肥增产15.8%～18.4%，比等量未经磁化粉煤灰复混肥增产5.2%～7.6%。张玉昌等[84]试验表明，应用磁化肥比等养分的非磁化肥，水稻增产7%～16%，小麦增产10%～15%，玉米增产5%～13%，蔬菜增产10%～35%，苹果增产6%～17%，且氮素利用率提高5%，磷素利用率提高2.7%。多元磁化复合肥之所以具有较高的增产效果，是其土壤磁学效应、生物磁学效应、肥料磁学效应和配方施肥技术综合作用的结果。由于粉煤灰磁化复合肥中含有较多的有益元素，加之磁效应，因此其施用量比粉煤灰复混肥少。一般施用量为600～1200kg/hm²（0.6～1.2吨/公顷；0.04～0.08吨/亩），可增产10%～22%。

（4）粉煤灰在花卉栽培中可作基肥施用，能降低土壤密度进而增加透气性，改善土壤结构，能促进花卉生长，株高、叶茂、花多，还可代替牲畜肥。在美人蕉、小丽花、唐菖蒲等花卉培植方面有效。

在对粉煤灰的品质要求和用量方面，粉煤灰化肥可参照标准包括《肥料汞、砷、镉、铅、铬含量的测定》（NY/T 1978—2010）和《复混肥料（复合肥料）》（GB 15063—2009）。目前主要问题和解决方案是对特定作物施用粉煤灰肥料时，选取合理配方，精确施肥，并保证作物籽粒中的重金属含量在食品卫生标准范围内。还需对粉煤灰化肥施用土壤进一步进行基础研究工作，如磁性肥料的增产机理，粉煤灰与有机物混合的生物、化学反应过程，复垦基质先锋作物的优选，粉煤灰各种元素在土壤-地下水-作物系统中的运输模式等。

6.6 高附加值利用

粉煤灰高附加值利用包括提取微珠、碳、铝，洗煤重介质，冶炼三元合金，生产高强轻质耐火砖和耐火泥浆，作为塑料、橡胶等填料，制作保温材料和涂料等。在不同的资源化利用中，以下列举几个利用条件：

（1）提取氧化铝要求粉煤灰中 SiO_2、Al_2O_3 和 Fe_2O_3 总含量≥80%，且 Al_2O_3 含量≥40%；

（2）选铁用粉煤灰 Fe_2O_3 含量一般要 >5%；

（3）合成分子筛一般要求粉煤灰中 SiO_2 和 Al_2O_3 含量越高越好；

（4）橡胶复合材料一般要求粉煤灰中含碳量低于 5%。

6.6.1　粉煤灰提取微珠

粉煤灰中含有球形中空玻璃珠，称为微珠。微珠中壁厚较小，密度较小，能漂浮在水面上的称为漂珠，不能漂浮在水面上的称为沉珠。漂珠在粉煤灰中的含量一般小于 1%，具有颗粒细、质轻、绝缘、耐火、隔声、强度高等特性，主要用于塑料和合成橡胶的填料、油漆、高级隔热材料、绝缘材料、耐磨器件、潜艇材料及航天飞船的隔热材料等。沉珠含量较高，在粉煤灰中的含量占 30%～70%，用途较广，可用作塑料、油漆、橡胶等填料。

漂珠可做多种产品：漂珠保温、耐火制品；塑料制品的填充料；耐磨制品如刹车片；橡胶制品填充料；建筑材料、油漆等。其中已有批量生产并且技术成熟的产品是保温冒口套（冶炼用）、轻质隔热耐火砖和轻质耐火砖。另有批量生产的是做塑料填料、刹车片等。漂珠做塑料填充料可降低成本 1/5，用其填充改性的塑料具有优异的加工性、耐磨性强、表面光亮、柔弹性能好、不结垢、耐腐蚀等特点。生产的刹车片能耐 450℃高温，可用于各种车辆、石油勘探等钻井设备中，价格便宜。

6.6.2　高铝粉煤灰提铝

从高铝粉煤灰（Al_2O_3≥40%）中提取氧化铝（氢氧化铝）或铝盐的工艺有很多，相对较成熟的提取工艺主要有碱法烧结和酸浸法两类。当前，我国高铝粉煤灰提取氧化铝技术研发成功并逐步产业化。利用粉煤灰提取氧化铝联产水泥熟料的中试研究和产业化技术均已通过技术鉴定，内蒙古鄂尔多斯、山西朔州等地区有多个氧化铝项目建成。目前，大唐已经有以碱法提铝的生产线以及神华以酸法提铝的中试线规模。

6.6.3　高铝粉煤灰取代铝矾土制备压裂支撑剂技术

压裂支撑剂是在使用水力压裂技术开采石油、天然气和页岩气的过程中必须使用的支撑材料，是一种对压裂后的岩层裂缝起到支撑作用的固体颗粒物质。按密度（堆积密度和真密度）划分，压裂支撑剂分为低密度（堆积密度 <1.65，真密度 <3.00）、中密度（1.65< 堆积密度 <1.80，3.00< 真密度 <3.35）和高密度（堆积密度 >1.80，真密度 >3.35）三种规格。目前随着水平井多段压裂技术和清水压裂技术的发展以及水力压裂技术在页岩气、煤层气开采中的推广，高强度、低密度压裂支撑剂的使用量正逐年增加。目前，低密度压裂支撑剂的全球市场容量为 400 万吨/年，约合人民币 120 亿元/年。

传统的压裂支撑剂是以天然铝矾土作为主要原料，经过破碎、研磨、制粒、烧结、筛分等工序而制备。铝矾土是一种不可再生资源，85% 以上的铝矾土是用来生产电解铝产品，约 10% 的铝矾土用于水泥、耐火材料、工业陶瓷等领域，由于大量的消耗，我国的铝矾土资源急剧减少。因此，寻找新的原料资源来生产压裂支撑剂具有十分重要的现实意义。

北京低碳清洁能源研究所开发出以高铝粉煤灰为原料的高性能压裂支撑剂的低成本制备技术。该技术首先以高铝粉煤灰为主要原料，同时添加塑性剂、烧结助剂、胶粘剂等辅助原料，进行精细研磨均化与粒径分级，得到高性能支撑剂粉体原料，然后采用高速混合制粒与圆盘球化技术制备压裂支撑剂生坯，再在高温炉内以合适工艺烧结，最后对烧结后的压裂支撑剂进行筛分，从而得到不同粒径规格的高强度、低密度压裂支撑剂材料。制备过程不产生二次污染物。目前低密度压裂支撑剂产品经过国际权威机构（Stim-Lab）检测，各项性能指标完全能够满足 ISO 13503-2、API RP 60 和 SY/T 5108—2014 等国内外压裂支撑剂标准的要求，产品性能与美国卡博公司、法国圣戈班公司等采用铝矾土工艺生产的低密度压裂支撑剂的性能相当。同时，利用该技术平台，可以进一步开发以高铝粉煤灰为原料的结构陶瓷球形颗粒产品，如陶瓷研磨介质、水处理滤料、化工填料球、石化用球形分子筛、铸造砂等。

6.6.4 粉煤灰提取贵金属

国内外已经开发了从粉煤灰中回收钼、钛、银、镉、钒、铀等稀有金属的技术，有些已实现工业化提取。目前国内对粉煤灰提取镓、锗等元素也有一定的研究基础。一般高铝粉煤灰的镓含量也较高，适合同时提铝和镓，镓是光伏太阳能的重要原料之一。

6.6.5 粉煤灰冶炼硅铝合金

在高温下用碳将粉煤灰中的 SO_2、Al_2O_3、Fe_2O_3 等氧化物的氧脱出，并除去杂质制成硅、铝、铁三元合金或硅、铝、铁、钡四元合金，作为热法炼镁的还原剂和炼钢的脱氧剂。主要原料为粉煤灰、焦炭、高铝矾土和黑毛土。内蒙古准格尔地区煤种燃烧后的粉煤中含有较高的氧化铝和氧化硅，熔炼实验表明，在各种熔炼情况下可得到多种成分硅铝合金的某种参数，其中包括含有77%铝和23%硅标准参数的硅铝合金。

6.6.6　粉煤灰用于造纸

粉煤灰的化学成分和吸附性可满足作为造纸填料的基本要求，达到节省成本目的。但由于粉煤灰本身是灰色，白度低而且颗粒大，目前多用于白度要求较低的箱纸板类。目前已有研究通过筛分、浮选方法提高粉煤灰的白度，以扩大其作为造纸填料的适应性。粉煤灰也可经过重熔、纤维化制成以无机矿物为基本成分的无机质纤维，在性能上与植物有机纤维相似，因此可与有机植物纤维进行混合作为造纸原料，但需克服无机纤维的脆性和附着力差等缺陷。

6.6.7　粉煤灰用于环境保护

粉煤灰在废气、废水处理中也有广泛的应用。粉煤灰比表面积大、多孔，具有很好的吸附性和沉降作用，能吸附污水中悬浮物、脱除有色物质、降低色度、吸附并除去污水中的耗氧物质，具有较好的除氟能力，可以用于生产分子筛、多孔陶瓷等过滤材料。用粉煤灰制成的脱硫剂的脱硫效率要高于纯的石灰脱硫剂，在适当的粉煤灰/石灰比和反应温度时，脱硫率可达到90%以上。利用条件：粉煤灰用于烟气脱硫时，要求 CaO 含量大于10%。

粉煤灰也可以用于城市污泥的再利用处理中。城市污泥是城市发展的必然产物，污染物的再利用可以减轻环境压力，同时可以利用这些废物中的残余能量。粉煤灰能在其处理中起重要作用。高 pH 值的粉煤灰与污泥混合后，可使污泥中的重金属活性降低，其微量元素还是植物营养的组成部分。粉煤灰作为碱性稳定剂处理污泥可以消除或显著降低病原体含量，从而成为一种土地利用资源。

粉煤灰可用于除去氟化物，这为高氟区土地利用粉煤灰开辟又一新领域。粉煤灰含有较高的 Al_2O_3、Fe_2O_3、CaO 等，这些物质的存在与氟的吸附呈正相关。因此，粉煤灰在滞留氟方面起重要作用。粉煤灰用于处理工业含氟废水，对磷、化学需氧量（COD）等也有一定的降低作用，还可使酸性水的 pH 值上升至6~7[84]。

7 粉煤灰资源化利用分类规范

7.1 目的及要解决的问题

粉煤灰是煤在锅炉中燃烧后被烟气携带出炉膛的固态颗粒物，是燃煤发电生产量最大的固废。目前世界粉煤灰总产量约 11.4 亿吨，我国将近 5.7 亿吨。粉煤灰的性质与煤中的无机成分直接相关，煤种不同，粉煤灰的成分也不同。同时，燃烧的工艺过程不同，在粉煤灰中也会产生不同的物质，例如燃烧不完全的碳、炉内脱硫增加的硫和钙、脱硝催化不正常造成的氨以及烟气蒸发处理脱硫废水导致粉煤灰含氯离子过高等问题。另外，锅炉的燃烧温度、收尘方式、煤预处理的不同，所产生粉煤灰的矿物相组成、颗粒形貌与细度也会有所差异。总之，以上各种因素会造成粉煤灰性能有差异，非常有必要对其进行分类，以便协助电厂在其可控的选煤以及燃烧工艺与环保工艺下，对粉煤灰进行更加有效的生产与管理，从而促进粉煤灰资源化利用及处置。因此，建立粉煤灰的资源化利用分类标准是极为重要的。

目前，粉煤灰被定义为工业固废，而在 2017 年 10 月 1 日起实施的《固体废物鉴别标准 通则》（GB 34330—2017）中提出，利用固体废物生产的产物同时满足 3 个条件的，不作为固体废物管理，按照相应的产品管理。其中一条是需要符合国家、地方制定或行业通行的被替代原料生产的产品质量标准。因此，从资源利用的角度，为确保粉煤灰作为原料或产品，建立燃煤电厂粉煤灰资源化利用分类规范是必需的。国内目前有《煤矸石分类》（GB/T 29162—2012）与《中国煤炭分类》（GB/T 5751—2009），但国内外尚没有粉煤灰分类标准或规范。基于此，《2018 年能源领域行业标准制（修）订计划及英文版翻译版计划》通知中下达了《燃煤电厂粉煤灰资源化利用分类规范》电力行业标准制定工作。

7.2 现有相关标准

目前国内对粉煤灰没有分类标准，只有检测和应用标准，如表 4-3 ～

表4-5 所示，包括9 个国家标准、13 个行业标准以及15 个地方标准。其中以《用于水泥和混凝土中的粉煤灰》（GB/T 1596—2017）最为广泛使用，但只限定煤粉炉粉煤灰，同时将粉煤灰分为F 类和C 类，也进一步分为Ⅰ级、Ⅱ级和Ⅲ级粉煤灰。具体标准中相关的理化性能要求如表6-3 和表6-4 所示。与GB/T 1596—2017 相对应的美国标准《用于混凝土中的粉煤灰和未处理的或煅烧的天然火山灰》（ASTM C618—2019）和欧盟标准《混凝土用的粉煤灰》（EN 450 – 1—2012），具体性能要求如表7-1 所示。与我国相同的性能要求有细度、需水量、烧失量、含水量、氧化硫含量、氧化硅 + 氧化铝 + 氧化铁总量以及强度活性指数。我国与欧盟有游离氧化钙含量要求，但美国没有。只有欧盟标准对氯离子含量、活性氧化硅含量、氧化钠含量、氧化镁含量、氧化磷含量以及终凝时间有要求。

表 7-1   美国与欧盟标准中混凝土用粉煤灰理化性能要求

Fly ash physical-chemical property requirements	ASTM C618—2019			EN 450-1—2012		
	N	F	C	A（N）	B（S）	C（S）
Fineness, retained on 45 μm；%		≤34		≤40		≤12
Water demand；%	≤115	≤105			≤95	
LOI（Loss of Ignition）；%	≤10	≤6		<5	<7	<9
Water content；%		≤3				
SO$_3$；wt. %	≤4	≤5			≤3	
Ca^{2+}；wt. %					≤1.5	
CaO；wt. %		≤18	>18			
SiO$_2$ + Al$_2$O$_3$ + Fe$_2$O$_3$；wt. %	≥70	≥50			≥70	
Cl；wt. %					≤0.1	
Reactive CaO；wt. %					≤10	
Reactive SiO$_2$；wt. %					≤25	
Na$_2$O equi.；wt. %					≤5	
MgO equi.；wt. %					≤4	
P$_2$O$_5$ sol. wt. %					≤0.01	
Setting time；minutes					≤120	
Strength activity index；%		≥75			≥75	
Autoclave expansion or contraction，%		≤0.8				

我国与美国标准将粉煤灰分为F 类和C 类，但要求不一样。我国标准中的F 类灰通常由燃烧无烟煤或烟煤产生（一般氧化钙含量不大于10%），而C 类灰通常由燃烧褐煤或次烟煤所产生（一般氧化钙含量不

小于 10%），也规定 F 类灰的 $SiO_2 + Al_2O_3 + Fe_2O_3$ 总量不小于 70%，而 C 类灰则为不小于 50%，同时又规定了 F 类灰的游离氧化钙含量不大于 1%，而 C 类灰的游离氧化钙含量不大于 4%。但对游离氧化钙大于 4%，则无法归类，同时无法用于水泥、砂浆或者混凝土。而美国只以氧化钙含量大于 18% 为 C 类，而不大于 18% 为 F 类，这个指标值只是个统计数据。根据 Boral 公司 66 个电厂的 11141 个样品进行的分类，其中有 99.35% 的样品与原来以 $SiO_2 + Al_2O_3 + Fe_2O_3$ 总量的分类相同（不小于 50% 为 C 类，而不小于 70% 为 F 类）；只有 0.65% 的样品（72 个样品）从 F 类变为 C 类（39 个样品），或从 C 类变为 F 类（33 个样品）。而我国的粉煤灰年产量（5 亿多吨）远远高于美国的年产量（5 千万多吨），目前没有数据支撑这一分类方法。

我国粉煤灰用于拌制砂浆和混凝土，进一步以细度（不大于 12%、30%、45%）、烧失量（不大于 5%、8%、10%）及需水量（不大于 95%、105%、115%）分为I级、II级和III级灰。美国标准以烧失量（不大于 6%、10%）、需水量（不大于 105%、115%、）、氧化硫含量（不大于 5%、4%）以及 $SiO_2 + Al_2O_3 + Fe_2O_3$ 总量（不小于 50%、70%）分为 C/F 类和 N 类。欧盟标准只以细度不大于 12% 以及终凝时间不大于 120 分钟为 S 级灰，而 N 级灰（A 级灰）则以细度不大于 40% 以及烧失量小于 5%。S 级灰再以烧失量小于 7% 和 9%，分为 B 级和 C 级灰。

在分类标准方面，中国有煤矸石的分类标准《煤矸石分类》（GB/T 29162—2012）以及煤炭的分类标准《中国煤炭分类》（GB/T 5751—2009）。

在 2013 年 10 月 1 日实施的《煤矸石分类》（GB/T 29162—2012），主要以全硫含量、灰分产率、氧化钙 + 氧化镁总含量以及氧化铝对氧化硅比作为分类指标。

（1）按全硫含量分为四个等级：≤1%、≤3%、≤6%、>6%，分别为低硫、中硫、中高硫、高硫煤矸石，对应编码为 1、2、3、4，而检测方法为 GB/T 214；

（2）按灰分产率分为三个等级：≤70%、≤85%、>85%，分为：低灰、中灰、高灰煤矸石，对应编码为 1、2、3，而检测方法为 GB/T212；

（3）按氧化钙和氧化镁含量分为 2 个等级：氧化钙含量 + 氧化镁含量 >10% 为钙镁型煤矸石，而氧化钙 + 氧化镁含量 ≤10% 为铝硅型煤矸石；对应编码为 1、2，而检测方法为 GB/T 1574；

（4）铝硅煤矸石再进一步按铝硅比（Al_2O_3/SiO_2）分为 3 个等级：≤0.3%、≤0.5%、>0.5%，分为低级、中级、高级铝硅比煤矸石；

对应编码为1、2、3，而检测方法为现行国家标准《煤灰成分分析方法》（GB/T 1574—2007）。

表7-2是煤矸石分类方式、检测方法、指标值以及命名表述。命名表述则以全硫含量、灰分产率、灰分成分分类顺序依次排列，其编码表示为××××或者×××（×）。第一位数字表示煤矸石按全硫含量分类，第二数字代表按灰分产率分类，而第三数字代表钙镁含量，而在括号内数字代表不同的铝硅型煤矸石。例如132（3）代表低硫、高灰、高铝硅比煤矸石。根据分类规则，可有48种煤矸石类别。

表7-2 煤矸石分类方式、检测方法、指标值以及命名表述

GB/T 214	GB/T 212	GB/T 1574	GB/T 1574	检测方法
全硫含量	灰分产率	钙镁含量	铝硅比含量	命名表述
低硫≤1%	低灰≤70%	钙镁型>10%		111
		铝硅型≤10%	低铝硅比≤0.3%	112（1）
			中铝硅比≤0.5%	112（2）
			高铝硅比>0.5%	112（3）
	中灰≤85%	钙镁型>10%		121
		铝硅型≤10%	低铝硅比≤0.3%	122（1）
			中铝硅比≤0.5%	122（2）
			高铝硅比>0.5%	122（3）
	高灰>85%	钙镁型>10%		131
		铝硅型≤10%	低铝硅比≤0.3%	132（1）
			中铝硅比≤0.5%	132（2）
			高铝硅比>0.5%	132（3）
中硫≤3%	低灰≤70%	钙镁型>10%		211
		铝硅型≤10%	低铝硅比≤0.3%	212（1）
			中铝硅比≤0.5%	212（2）
			高铝硅比>0.5%	212（3）
	中灰≤85%	钙镁型>10%		221
		铝硅型≤10%	低铝硅比≤0.3%	222（1）
			中铝硅比≤0.5%	222（2）
			高铝硅比>0.5%	222（3）
	高灰>85%	钙镁型>10%		231
		铝硅型≤10%	低铝硅比≤0.3%	232（1）
			中铝硅比≤0.5%	232（2）
			高铝硅比>0.5%	232（3）

续表

GB/T 214	GB/T 212	GB/T 1574	GB/T 1574	检测方法
全硫含量	灰分产率	钙镁含量	铝硅比含量	命名表述
高≤6%	低灰≤70%	钙镁型>10%		311
		铝硅型≤10%	低铝硅比≤0.3%	312（1）
			中铝硅比≤0.5%	312（2）
			高铝硅比>0.5%	312（3）
	中灰≤85%	钙镁型>10%		321
		铝硅型≤10%	低铝硅比≤0.3%	322（1）
			中铝硅比≤0.5%	322（2）
			高铝硅比>0.5%	322（3）
	高灰>85%	钙镁型>10%		331
		铝硅型≤10%	低铝硅比≤0.3%	332（1）
			中铝硅比≤0.5%	332（2）
			高铝硅比>0.5%	332（3）
超高硫>6%	低灰≤70%	钙镁型>10%		411
		铝硅型≤10%	低铝硅比≤0.3%	412（1）
			中铝硅比≤0.5%	412（2）
			高铝硅比>0.5%	412（3）
	中灰≤85%	钙镁型>10%		421
		铝硅型≤10%	低铝硅比≤0.3%	422（1）
			中铝硅比≤0.5%	422（2）
			高铝硅比>0.5%	422（3）
	高灰>85%	钙镁型>10%		431
		铝硅型≤10%	低铝硅比≤0.3%	432（1）
			中铝硅比≤0.5%	432（2）
			高铝硅比>0.5%	432（3）

在 2010 年 1 月 1 日实施的《中国煤炭分类》（GB/T 5751—2009）中，煤炭的定义是：由植物遗体经煤化作用转化而成的富含碳的固体可燃有机沉积岩，含有一定量的矿物质，相应的灰分产率小于或者等于 50%（干基质量分数）。煤的分类参数有两类：即用于表征煤化程度的参数和用于表征煤工艺性能的参数。用于表征煤化程度的参数有 4 种：干燥无灰基发挥分 V_{daf}（%），其检测方法为 GB/T 212；干燥无灰基氢含量 H_{daf}（%），其检测方法为 GB/T 476；恒湿无灰基高位发热量 $Q_{gr,maf}$（MJ/kg），其检测方法为 GB/T 213；低煤阶煤透光率 P_M（%），其检测方法为 GB/T 2566。而用于表征煤工艺性能的参数有 3 种：烟煤的黏结

指数 $G_{R.I}$，其检测方法为 GB/T 5447；烟煤的胶质层最大厚度 Y（mm），其检测方法为 GB/T 479；烟煤的奥阿膨胀度 b（%），其检测方法为 GB/T 5450。根据干燥无灰基发挥分 V_{daf} 和低煤阶煤透光率 P_M，将煤分为 3 大类：无烟煤、烟煤、褐煤。无烟煤以 V_{daf}、H_{daf} 分为 3 种：无烟煤一号、无烟煤二号、无烟煤三号。烟煤以 V_{daf}、$G_{R.I}$、Y 以及 b 分为 12 种：贫煤、贫瘦煤、瘦煤、焦煤、肥煤、1/3 焦煤、气肥煤、气煤、1/2 中黏煤、弱黏煤、不黏煤、长焰煤。褐煤以 V_{daf}、P_M 及 $Q_{gr,maf}$ 分为 2 种：褐煤一号、褐煤二号。表 7-3 是煤炭分类方式、检测方法、指标值以及命名表述（包括 3 个类别、17 个代号和 29 个编码）。

表 7-3　煤炭分类方式、检测方法、指标值以及命名表述

检测方法：国标 GB/T				212	476	5447	479	5450	2566	213
类别	亚类别	代号	编码	V_{daf}	H_{daf}	$G_{R.I}$	Y	B	P_M	Q
无烟煤	无烟煤一号	WY1	01	≤3.5	≤2					
	无烟煤二号	WY2	02	>3.5~6.5	>2~3					
	无烟煤三号	WY3	03	>6.5~10	>3					
烟煤	贫煤	PM	11	>10~20		≤5				
	贫瘦煤	PS	12	>10~20		>5~20				
	瘦煤	SM	13	>10~20		>20~65				
			14	>10~20		>20~65				
	焦煤	JM	15	>10~20		>65	≤25	≤150		
			24	>20~28		>50~65	≤25	≤150		
			25	>20~28		>65	≤25	≤150		
	肥煤	FM	16	>10~20		>85	>25			
			26	>20~28		>85	>25			
			36	>28~37		>85	>25			
	贫1/3焦煤	1/3JM	35	>28~37		>65	≤25	≤220		
	气肥煤	QF	46	>37		>85	>25	>220		
	气煤	QM	34	>28~37		>50~65	≤25	≤20		
			43	>37		>35	≤25	≤220		
			44	>37		>35	≤25	≤220		
			45	>37		>35	≤25	≤220		
	1/2 中黏煤	1/2ZN	23	>20~28		>30~50				
			33	>28~37		>30~50				
	弱黏煤	RN	22	>20~28		>5~30				
			32	>28~37		>5~30				
	不黏煤	BN	21	>20~28		≤5				
			31	>28~37		≤5				
	长焰煤	CY	41	>37		≤35			>50	
			42	>37		≤35			>50	
褐煤	褐煤一号	HM1	51	>37					≤30	≤24
	褐煤二号	HM2	52	>37					>30~50	≤24

粉煤灰跟煤炭或者煤矸石一样，由于煤炭的不同、燃烧工艺的不同以及除尘和环保工程的不同，不同电厂可生产不同基本材料性质的粉煤灰。不同材料性质的粉煤灰具有不同的性能，其用途也不同。因此，必须根据粉煤灰的基本材料性质，进行更细的分类。

7.3 标准涉及范围

粉煤灰是煤在锅炉中燃烧后被烟气携带出炉膛，并被除尘设备收集下来的固态颗粒物，是我国主要的工业固体废弃物之一。根据煤燃烧锅炉的种类可分为煤粉炉粉煤灰或者循环流化床粉煤灰。锅炉产生的粉煤灰原则上是干燥的粉煤灰，但由于排放方式的不同也分为湿排灰和干排灰。湿排灰是收集下的干排灰与水或者废水混合后形成的，具有较好的流动性，其主要用于粉煤灰处置，因此不在本标准制定的范围里。本标准适用于含水量不大于 1% 的燃煤电厂粉煤灰，作为干排灰的依据。而湿排粉煤灰，一般含水量远远大于 1%，其活性可能因与水的反应或水中的其他成分而改变，不见得与原来的干排灰具有相同的性质。但如果湿排灰干燥处理后含水量不大于 1%，可参照本标准分类。

由于国家对电厂烟气排放标准趋严，特别是近年来提出超净排放要求（二氧化硫排放低于 $35mg/m^3$），大量的循环流化床锅炉在炉内喷钙固硫的基础上，配套炉后脱硫，在国内炉后脱硫技术主要以循环流化床烟气脱硫工艺为主。在脱硫塔前有无预除尘装置和预除尘效率直接影响两种不同含硫成分粉煤灰的分布。脱硫塔前预除尘所收集的粉煤灰属于循环流化床锅炉粉煤灰，主要成分为硫酸钙，而脱硫塔后除尘装置所收集的粉煤灰，主要成分为亚硫酸钙和硫酸钙，其比例与预除尘效率有关。针对由于脱硫工艺的影响造成不同化学成分的固硫灰，如果其 SiO_2 + Al_2O_3 + Fe_2O_3 总含量小于 50%，则不属于粉煤灰。因此，本标准适用于 SiO_2 + Al_2O_3 + Fe_2O_3 总含量不小于 50% 的粉煤灰。

本标准规定了燃煤电厂粉煤灰的分类类别、标记方法和分类检测规则，适用于燃煤电厂粉煤灰的生产、储存与利用。其他工业燃煤锅炉产生的粉煤灰参照执行。

7.4 资源化利用分类根据

粉煤灰是煤燃烧后，留下的无机矿物，其成分来自煤，主要成分以氧化硅和氧化铝为主，因此可称为硅铝酸盐粉体。粉煤灰的性质与煤中的无机成分与燃煤工艺息息相关。从材料科学的角度，粉煤灰具有三个基本性质，包括：颗粒细度与形貌，化学成分和矿物相组成。这三个基本性质决定了粉煤灰的物化性能，直接影响粉煤灰的资源化利用途径。

从材料属性与应用的角度，粉煤灰属于硅铝酸盐微米粉料，同时也含有玻璃相和晶相的无机矿物。粉煤灰具有"三大效应"：微集料效应、形貌效应以及活性效应，因此被广泛用于水泥活性混合材、混凝土掺合料以及建材原料。

（1）微集料效应：粉煤灰的微集料效应指的是粉煤灰中的微小细颗粒均匀分布在水泥浆体内，填充砂子和水泥之间的孔隙，从而改善混凝土的孔结构和增大密实度，优化混凝土的性能。表现为填充效应和界面效应。粉煤灰要发挥微集料效应，其颗粒粒径必须小于水泥或者砂子的粒径，理论上粉煤灰的粒径为水泥粒径的 0.414 倍或更小，效果最好。而粉煤灰的颗粒粒径分布从 0.1μm 到 600μm，并不是所有粉煤灰颗粒都可达到微集料效应。粉煤灰颗粒越小，它的润滑作用越强，越能提高混凝土拌合物的流动性，此外，较小颗粒有助于水分充分分散，其比表面积增大，导致表面吸附水增加，提高混凝土拌合物的流动性。同时，微细的粉煤灰颗粒均匀分布在水泥浆内，在水泥水化前使水泥颗粒间产生间隔，阻止水泥颗粒间的团聚效应，使水分易于渗入并扩大灰水接触面，促进水泥水化。细小的粉煤灰黏附于骨料表面，可防止水分在骨料表面聚集，从而提高净浆与骨料界面过渡区的密实度，减小界面过渡区的厚度，提高硬化浆体的结构强度。

（2）形貌效应：粉煤灰的形貌效应是指由其颗粒形貌、内部结构、表面性质、颗粒级配等物理性状所产生的效应。粉煤灰颗粒的圆形度高于水泥才能产生良好的形貌效应。煤粉炉粉煤灰颗粒绝大多数为一种表面光滑的球形玻璃微珠，这些球形玻璃微珠表面光滑、粒度细、质地致密、内比表面积小、对水的吸附力小，在混凝土拌合物中可以产生对水泥颗粒的扩散和解絮作用；同时，粉煤灰中的球形颗粒在混凝土中起到滚珠轴承和润滑作用，减少骨料之间、骨料与浆体之间的界面摩擦。另外，粉煤灰密度小于水泥，使得浆体的体积增加，足量的灰浆填充在混凝土的孔隙空间，覆盖和润滑骨料颗粒，增加了拌合物的黏聚力和可塑性，改善混凝土的和易性。一般而言，Ⅱ级以上的粉煤灰对改善混凝土拌合物的和易性有一定的积极作用，Ⅲ级及Ⅲ级以下的粉煤灰因颗粒较粗，细小密实的球形玻璃微珠较少，滚珠轴承和润滑作用弱，同时，粉煤灰的烧失量较大，未燃尽碳较多，而碳颗粒表面粗糙，蓄水孔多，易吸水，造成混凝土拌合物流动性下降。

（3）活性效应：粉煤灰的活性效应是指其颗粒中的玻璃相活性组分 SiO_2 和 Al_2O_3 与水泥水化过程中产生的 $Ca(OH)_2$ 发生二次水化反应，生成具有胶凝性水化硅酸钙和水化铝酸钙的过程，又称为"火山灰活性"。粉煤灰中的玻璃体的化学活性取决于其结构，主要由其化学成分和热力过程所决定，早期化学活性由其溶出的 SiO_2 和 Al_2O_3 的量决定，潜在活性由玻璃体的解聚能力决定。粉煤灰中玻璃体的水化分为诱导期和水化反应两阶段。反应前期为玻璃体对碱离子的吸收过程，主要是物理吸附，即诱导期；吸附在粉煤灰玻璃体表面的 Ca^{2+} 和 OH^- 能够侵蚀玻璃体表面，虽然阻碍与水作用的玻璃体外层薄膜比较致密，但包裹层与颗粒之间包含有少量液相，液相中的 Na^+、K^+、铝酸根离子和硅酸根离子的离子浓度高于包裹层外的离子浓度，由此产生的渗透压使包裹层因膨胀而破裂，碱性溶液到达玻璃体表面，溶解硅酸铝成分，生成水化硅酸钙和水化铝酸钙，开始进入玻璃体的水化反应期。粉煤灰活性表现出来的性质主要有：①反应缓慢，放热速率和强度发展也相应较慢，致使粉煤灰混凝土早期强度较低；②反应消耗了层状结构的 $Ca(OH)_2$，生成了致密结构的水化硅酸钙和水化铝酸钙，粒径细化提高了混凝土的后期强度和耐久性；③反应产物极为有效地填充了较大的毛细空间，孔径细化改善了混凝土的后期强度和抗渗性能。

我国粉煤灰的资源化利用途径可分为"工程型"和"产品型"两种类型。"工程型"的应用包括建筑、农业、环境等领域的应用。生产建筑材料是目前最为成熟、最主要的粉煤灰利用方式，包括粉煤灰水泥、混凝土、烧结砖、砖砌块、陶粒、微晶玻璃等产品的制备。粉煤灰在农业中主要用于生产化肥、改良土壤，在环保领域则用于废气/废水的处理。而对于粉煤灰"产品型"的利用正在快速发展，从粉煤灰提取氧化铝、氧化铁、有价元素、残炭颗粒、超细颗粒等成分进行再利用成为粉煤灰综合利用的一个发展方向。粉煤灰在混凝土中的添加比率一般介于 15%～35%，在道路、墙体、停车场建筑工程用混凝土中粉煤灰的掺比可达 70%，而在蒸压加气混凝土中粉煤灰的掺比甚至可高达 80%。粉煤灰用于合成地质聚合物具有优于普通硅酸盐水泥的高强度和低渗性，可代替硅酸盐水泥广泛应用于建筑领域，而且可以有效地吸附固定有害重金属元素。

不同的电厂或者相同电厂在不同生产时期，使用不同的煤种，产生的粉煤灰成分也不同。同时，燃烧的工艺过程不同，在粉煤灰中也会产生不同的影响，例如燃烧不完全的碳、炉内脱硫增加的硫和钙、脱硝催化不正常造成的氨以及烟气蒸发处理脱硫废水导致粉煤灰含氯离子过高等。另外，锅炉的燃烧温度、收尘方式、煤预处理的不同，所产生粉煤灰的矿物相组成、颗粒形貌与细度也会有所差异。因此，有必要对燃煤电厂粉煤灰进行分类，以便协助电厂在其可控的选煤以及燃烧工艺与环保工艺下，对粉煤灰进行更加有效的生产与管理，从而促进粉煤灰资源化利用及处置。

本标准是将资源化利用的各个领域所用粉煤灰进行分类。考虑到水泥、砂浆和混凝土作为粉煤灰资源化利用的重要应用领域之一，因此将《用于水泥和混凝土中的粉煤灰》（GB/T 1596—2017）中所规定的粉煤灰、煤粉炉粉煤灰，整体归类为本标准中所限定粉煤灰种类中的一种，在性能指标上此种灰的指标也仅作为参考。同时，参考《煤矸石分类》（GB/T 29162—2012）和《中国煤炭分类》（GB/T 5751—2009）的分类方法。因此本标准从粉煤灰产生之初开始分类，从燃煤方式、主要和次要元素含量、辅助性能三个方面进行区分。

本标准根据粉煤灰三个基本材料性质，对粉煤灰采用主要分类和辅助性分类两种分类方式：主要分类有 6 个类别，包括按燃煤方式和按化学成分分类。其中，燃煤方式有煤粉炉粉煤灰、循环流化床粉煤灰或者不确定或者混合灰；而化学成分含量有 5 种分类：碳含量或烧失量、氧化钙/游离氧化钙含量、氧化硫含量、氧化铝含量及氧化铁含量。辅助性分类也有 6 种，包括以颗粒细度、颗粒形貌、玻璃相含量、铵含量、有害元素含量及有价元素含量进行分类。其具体的分类流程如图 7-1 所示。

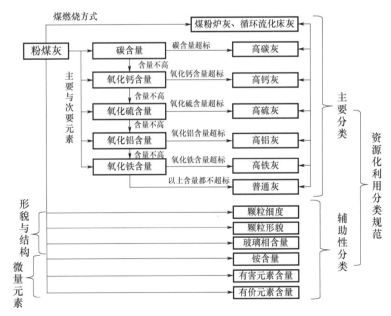

图 7-1　分类流程图

本标准对粉煤灰的分类方式是分为主要分类和辅助性分类：

（1）主要分类包括：按燃煤方式分为煤粉炉灰、循环流化床灰或两者的混合灰；按主要与次要化学成分含量，如烧失量或碳含量、氧化钙含量/游离氧化钙含量、氧化硫含量、氧化铝含量及氧化铁含量进行分类。如果这 5 种化学成分含量都不高，则为普通灰。

（2）辅助性分类包括：以颗粒细度、颗粒形貌、玻璃相含量、铵含量、有害元素含量及有价元素含量进行分类。

7.4.1　主要分类

7.4.1.1　按燃煤方式

在主要分类方面，粉煤灰首先按燃煤方式有 2 种：煤粉炉灰或循环流化床灰，对粉煤灰的颗粒形貌影响非常大，煤粉炉粉煤灰大部分是球形颗粒，而循环流化床粉煤灰则为不规则颗粒形貌。也由于燃烧温度的不同，产生的矿物相组成和玻璃相含量也不相同。在化学成分方面，循环流化床的炉内脱硫工艺外加了石灰脱硫，可提高粉煤灰的氧化钙含量以及富集氧化硫含量，也可能燃烧不完全造成较高的碳含量（或者烧失量）。在本标准里，煤粉炉灰（Pulverized-Coal Ash）、循环流化床灰（Fluidizing-Bed Ash）、无法确认炉型灰或二者混合灰（Uncertain or Mixed Ash），分别以大写英文字母 P、B、X 表示。

目前国标《用于水泥和混凝土中的粉煤灰》（GB/T 1596—2017）排除了循环流化床的粉煤灰，这是由于其高碳含量、高钙含量以及高硫含量问题。但本标准涵盖了循环流化床粉煤灰，因此，需要进一步区分其碳含量、钙铝灰以及硫含量并解决其资源化利用的问题。在化学成分分类方面有主要元素含量以及次要元素含量，共 5 个类别：碳含量或烧失量、氧化钙/游离氧化钙含量、氧化硫含量、氧化铝含量及氧化铁含量。如果含量超过指标值，分别为高碳灰、高钙灰、高硫灰、高铝灰及高铁灰。如果 5 种化学成分含量都不超标，则称为普通灰。以下分别对此 5 种化学成分含量进行说明。

7.4.1.2　按碳含量

在碳含量方面，粉煤灰中的碳含量，主要是煤燃烧不完全，残留下来的碳。但由于目前烧失量的测试方法（在空气下温度达到 950℃），不单单是碳燃烧失重，也可能包含无机盐（例如碳酸盐、硫酸盐等矿物）的分解及水的脱附等失重，造成烧失量的增加，而非真正的碳含量，特别是循环流化床粉煤灰。因此，对于煤粉炉粉煤灰，仍以 GB/T 1596—2017 标准的测试方法 GB/T 176，如果烧失量大于 10% 为高碳灰以 C_H 表示，如果不大于 10%，则按照烧失量不大于 5%、8%、10%，分为 3 级，分别以 C_I、C_{II}、C_{III} 表示，与 GB/T 1596—2017 标准一致。对于循环流化床粉煤灰或循环流化床与煤粉炉灰的混合灰，以及无法确定炉型的灰，以双气氛热失重检测法（参考标准中的附录 A），即首先将粉煤灰在惰性气氛下（例如氮气）灼烧除去其中的水和无机盐，再在氧化性气氛下（空气或氧气）进行灼烧，氧化性气氛段的最大失重量即为粉煤灰的碳含量。碳含量大于 5% 为高碳灰，以 C_H 表示，而碳含量不大于 5% 为低碳灰，以 C_O 表示。由于粉煤灰最大的用途在水泥、砂浆和混凝土，因此，根据国标对煤粉炉粉煤灰的规定，以烧失量为检测值不超过 8%，即可满足 II 级灰的要求，也满足水泥活性混合材料的要求。对于烧失量大于 8%（或者碳含量大于 5%），特别是烧失量达到 20%（碳含量达到 12%），可通过物理方法分离其中的碳和灰，其中碳含量高（一般烧失量不小于 35% 或者碳含量不小于 20%）、热值高的部分直接作为燃料使用，而碳含量低、灰分高的部分往往可满足 GB/T 1596—2017 中用于水泥和混凝土粉煤灰中烧失量的要求，因此可以完全实现高碳粉煤灰的综合利用。如果烧失量超标不高，可以混合方式达到标准要求。对于粉煤灰中灰分与碳的分离方法有浮选法和静电分选法。相对来说，浮选法更适用于碳含量较高的粉煤灰中碳的分离，而静电分选存在电荷饱和的原因，因此建议处理碳含量较低的粉煤灰。综上，对于烧失量不大于 30%（碳含量≤18%）的粉煤灰，采用静电分选的方法分离其中的碳和灰分；对于碳含量 >30%（碳含量 >18%）的粉煤灰，采用浮选法进行分离更具经济性。

7.4.1.3 按氧化钙含量

在氧化钙含量方面，从煤本身产生的氧化钙含量取决于煤的种类，高钙粉煤灰是由褐煤、次烟煤或亚沥青质煤经粉磨和燃烧后得到的粉煤灰。一般氧化钙含量不小于 10% 为 Class C 类属于高钙灰，而烟煤或者无烟煤燃烧产生的粉煤灰，一般氧化钙含量小于 10% 为 Class F 类属于低钙灰。有些电厂为脱硫也会提高 CaO 含量，例如采取在炉内同时喷入石灰粉等措施，特别是循环流化床粉煤灰，如果氧化钙含量超过指标值，这样得到的粉煤灰也视为高钙粉煤灰。目前我国的高钙粉煤灰是粉煤灰的一大类，约占粉煤灰总量的 30% 以上。而目前国标根据以下检测值把粉煤灰分为两类：Class C 类粉煤灰或者 Class F 类粉煤灰。以游离氧化钙（f-CaO）含量不大于 1%，同时 $SiO_2 + Al_2O_3 + Fe_2O_3$ 含量不低于 70% 为 Class F 类粉煤灰，而 f-CaO 含量不大于 4%，同时 $SiO_2 + Al_2O_3 + Fe_2O_3$ 含量不低于 50% 为 C 类粉煤灰。但对于 f-CaO 含量大于 4% 或者

$SiO_2 + Al_2O_3 + Fe_2O_3$ 含量低于50%，则不属于粉煤灰。本标准采纳粉煤灰的 $SiO_2 + Al_2O_3 + Fe_2O_3$ 含量必须不低于50%，而氧化钙含量不大于10%（测试方法为GB/T 176），同时游离氧化钙含量不大于1%（测试方法为DL/T 498）为低钙灰，以 K_0 代表，而氧化钙含量大于10%或者游离氧化钙含量大于1%为高钙灰，以 K_H 代表，因此包含了f-CaO含量大于4%的粉煤灰。粉煤灰中钙的存在价态主要以氧化钙（石灰）及其他次要的矿物相，包括硫酸钙（$CaSO_4$）、亚硫酸钙（$CaSO_3$）、铁酸钙（$CaFe_3O_5$）以及硅酸钙（Ca_2SiO_4）等。本标准都换算成CaO含量作为氧化钙含量的表述。

与普通粉煤灰相比，高钙粉煤灰的特征差异较大，既具有活性高、需水量低、球化度高、凝结硬化性强等优点，也同时存在游离氧化钙含量高导致易出现体积安定性不良的问题。

在煤粉炉高温燃烧下（通常高达1400℃），粉煤灰中的二价钙由于半径小、极化能力强，容易与氧化硅、氧化铝组分发生反应形成低共熔物质，因此可起到显著的助熔作用，导致高钙粉煤灰的矿物组成中玻璃体含量甚至可高达60%~80%，远高于普通粉煤灰。这种低共熔物的熔点较低，在煤粉炉燃烧温度下以液态形式存在，排出燃烧炉后迅速冷却结为球状颗粒，因此高钙粉煤灰的微观形貌通常表现出很高的球化度，加入到混凝土当中有明显的减水效果。富含CaO的玻璃体是高钙粉煤灰的主要活性物质，在钙含量特别高的玻璃相中甚至含有少量水泥熟料矿物成分，因此高钙粉煤灰遇水后在碱性激发剂的作用下可与氧化硅、氧化铝等物料发生反应，生成钙矾石和水化硅酸钙凝胶等胶凝物质，使得高钙粉煤灰普遍表现出一定的自硬性和激发活性，其火山灰活性要明显优于普通粉煤灰，属于活性矿物填料，掺混后有利于提升混凝土的强度。同时，粉煤灰表面具有活性的含钙成分也容易与空气中的水分作用，因此高钙粉煤灰往往吸湿性、吸附性均比较强，原灰含水率和吸附性能均高于普通粉煤灰；由于煤粉炉温度高，高钙煤灰中f-CaO原本的蜂窝状介孔结构，在此温度下会发生死烧收缩且颗粒显著长大，导致水分子进入孔道发生水化反应的速度显著减慢，制品加水后的水化活性和速度均显著下降；由于f-CaO水化后体积膨胀明显，因此一旦其水化速度慢于水泥凝结速度，f-CaO就非常容易在水泥基体已经凝结硬化之后才发生水化膨胀，导致掺混后材料的体积安定性不良。最简单解决煤粉炉高钙灰安定性问题的方法，就是机械粉磨法磨细，然后与低钙粉煤灰混合稀释，让其均匀分布在粉体里，解决f-CaO死烧收缩问题，从而水泥水化后降低水化膨胀。

循环流化床炉温低（850～950℃），钙质成分反应不充分，导致富含 CaO 的玻璃体显著减少，物料无法熔融成球，因此其火山灰活性和减水性都远不及煤粉炉高钙煤灰。但其 f-CaO 还未达到死烧状态，且颗粒较为细小、疏松多孔，因此其产生体积安定性的风险要明显小于煤粉炉高钙灰。循环流化床高钙灰，玻璃相较低，活性较低、颗粒形貌不规则。最简单解决循环流化床高钙灰的活性问题，就是与煤粉炉高钙灰混合后，机械粉磨法磨细，达到需要的活性与安定性。

循环流化床的钙粉煤灰被 GB/T 1596—2017 排除无法参照应用，而在 DB31/T 932 中被称为脱硫粉煤灰，满足该标准规定的技术要求时可以使用。表 7-4 是国标和地标对高钙粉煤灰质量要求的对比。煤粉炉高钙粉煤灰由于燃烧温度较高，具有火山灰活性较高，可代替大部分胶结材料生产蒸压加气混凝土、蒸压免烧砖、蒸养免烧砖等建筑制品，而循环流化床高钙粉煤灰，其火山灰活性很差，不适合制造蒸压加气混凝土制品。在相同炉型的粉煤灰中，f-CaO 的含量越高，则活性越高，是非常优质的蒸压、蒸养建筑制品原料，尤其是在蒸压加气混凝土领域表现出显著的应用优势。高钙粉煤灰地聚物材料可以广泛用作普通混凝土构件、快凝混凝土构件、海工混凝土构件、干硬混凝土、喷射混凝土、钢构防火涂层、快速堵漏材料、战地跑道修复材料、海底油井封堵材料、化工耐酸防腐（脱硫塔内衬）材料、土壤修复材料、重金属离子与核废料封存材料等军事和民用的土木工程材料当中。

表 7-4　国标和地方标准对高钙粉煤灰质量要求的对比

检测项目	国标 GB/T 1596 (2017) 煤粉炉粉煤灰 C 类			上海市地方标准 DB31/T 932 (2015) C 类			上海市地方标准 DG/T J08—230 (2006) C 类		
	Ⅰ级	Ⅱ级	Ⅲ级	Ⅰ级	Ⅱ级	准Ⅱ级	Ⅰ级	Ⅱ级	Ⅲ级
细度（45μm 筛余），不大于（%）	12.0	30.0	45.0	12.0	25.0	35.0	12.0	25.0	45.0
需水量比，不大于（%）	95	105	115	95	105	105	95	105	115
烧失量，不大于（%）	5.0	8.0	10.0	5.0	8.0	8.0	5.0	8.0	15.0
含水量，不大于（%）	1.0			1.0			1.0		
三氧化硫，不大于（%）	3.0			3.0			3.0		
游离氧化钙，不大于（%）	4.0			4.0			4.0		
安定性（雷氏夹沸煮后增加距离），不大于（mm）	5.0			5.0			5.0		
强度活性指数，不小于（%）	70			70			—		
半水亚硫酸钙，不大于（%）	3.0			3.0			—		

7.4.1.4　按氧化硫含量

粉煤灰硫含量是从煤本身产生的硫，没有外加的硫。低硫煤中主要是有机硫，约为无机硫的 8 倍；高硫煤中主要为无机硫，约为有机硫的 3 倍。对于全硫含量大于 2.0% 的高硫煤来说，绝大多数情况下，煤中硫的赋存形态都以无机硫为主，而且绝大部分是以黄铁矿硫的形态存在，也有少数是以白铁矿硫的形态存在。

在高氧气浓度下，由于氧气充分，以 SO_2 的形式析出。而在低氧气浓度下，由于氧气相对缺乏，大部分会以 H_2S 形式析出，这些气体遇空气后会被氧化成 SO_2。固硫工艺将煤燃烧释放出来的 SO_2 和 H_2S 固化为 $CaSO_4$，也可能会存在 CaS。燃煤电厂采用高温高尘脱硝工艺时，煤燃烧释放出来的 SO_2 与脱硝剂氨水反应生成以 NH_4HSO_4 为主的硫酸盐，存在于粉煤灰中。如果燃煤电厂，特别是循环流化床，在除尘前，另外采用烟气干法/半干法脱硫技术将燃煤烟气的含硫气体与脱硫剂反应去除，产生硫酸钙和亚硫酸钙的脱硫产物将与粉煤灰共存，如果其 $SiO_2 + Al_2O_3 + Fe_2O_3$ 总量低于 50%，则不属于粉煤灰。本标准的氧化硫检测方法以 GB/T 176 为主。如果燃煤电厂在锅炉内喷钙固硫的基础上，配套炉后脱硫的烟气干法/半干法脱硫技术，其粉煤灰的 $SiO_2 + Al_2O_3 + Fe_2O_3$ 总含量不小于 50%，由于亚硫酸钙含量高，采用 GB/T 176 检测氧化硫含量会偏低，则建议以《石膏化学分析方法》（GB/T 5484—2012），检测氧化硫含量。粉煤灰中硫的存在价态以硫酸盐为主形，特别是硫钙共存的硫酸钙（$CaSO_4$ 硬石膏，也称为无水石膏）以及亚硫酸钙（$CaSO_3$），其次是硫酸钠、硫酸钾、硫酸镁以及非常少量的其他硫化物等，如硫铝酸盐；本标准都换算为三氧化硫（SO_3）含量作为氧化硫含量的表达。由于 II-$CaSO_4$ 的溶解速度过慢，测定原理是以 $CaSO_4$ 和 Na_2CO_3 反应产生沉淀的碳酸钙以及可溶性的 Na_2SO_4。过滤操作后，测定滤液中硫酸根离子的物质的量是通过与氯化钡反应产生沉淀的硫酸钡和可溶解的氯化钠。测定硫酸钡沉淀质量，即为高硫粉煤灰中 II-$CaSO_4$ 的物质的量。本标准以氧化硫含量大于 3.5% 为高硫灰，以 S_H 代表，而氧化硫含量不大于 3.5% 为低硫灰，以 S_0 代表。

粉煤灰中含硫矿物主要为 $CaSO_4$（硬石膏）包括循环流化床的 400～1000℃煅烧温度 II 型硬石膏（II-$CaSO_4$，二水石膏）以及煤粉炉高温 1200℃以上煅烧的 I 型硬石膏（I-$CaSO_4$）。而二水石膏主要以 700～1000℃煅烧温度的硬石膏，简称为硬石膏 II-E，具有一定的反应能力。循环流化床锅炉粉煤灰中无水石膏的分布并不是均匀的，随颗粒粒径和密度变化而变化，一般来说，粒径越小，无水石膏含量越高；密度越大，无水石膏含量越高。小粒径的颗粒因为有较大的比表面积，更容易吸收 SO_2 和发生固硫反应，因此小粒径的固硫灰渣有更高的硫含量。高硫灰中存在有致密和多孔两种类型颗粒形貌，致密颗粒中主要为硬石膏、石灰石和游离氧化钙；疏松多孔颗粒中硬石膏含量较少，主要为未燃烧的炭和煤燃烧后留下的黏土矿物。

高硫灰的高吸水性能、水化膨胀性能等严重影响了其在水泥混凝土领域的应用，但可利用其高 SO_3 含量和 f-CaO 含量做增压养护制品，例如生产的蒸压砖能满足《蒸压粉煤灰砖》（JC/T 239—2014）和《蒸压灰砂砖》（GB 11945—1999）中 M10 和 M25 的指标要求。利用其火山灰活性较高，自身水化后会发生明显的体积膨胀，可用于配制建筑膨胀砂浆，满足《蒸压加气混凝土墙体专用砂浆》（JC 890—2017）标准要求。利用其高吸水、高碱性和微膨胀性能可用于污泥或垃圾固化，降低污泥或垃圾的重金属浸出。磨细的高硫灰与水泥混合作为农村低等级公路的胶凝材料，可利用其高活性和微膨胀性能，提高胶凝材料的活性，同时补偿水泥水化产生的收缩等。

7.4.1.5　按氧化铝含量

在铝含量方面，粉煤灰中氧化铝状态在循环流化床粉煤灰以偏高岭石（$Al_2O_3 \cdot 2SiO_2$）存在，而煤粉炉粉煤灰以莫来石（$3Al_2O_3 \cdot 2SiO_2$）为主，本标准都换算为三氧化二铝（Al_2O_3）含量作为氧化铝含量的表达。检测方法为 GB/T176，粉煤灰的氧化铝含量不低于 40%，称为高铝灰，以 A_H 代表；而氧化铝含量小于 40% 为低铝灰，以 A_0 代表。目前是以取代铝矾土为主要的利用方向。首先产业化的案例是取代铝矾土进行提取氧化铝，但提取中产生大量的二次固废，需要进一步处理或二次固废的再利用开发。另外已完成产业化试生产的是取代铝矾土制备的高强度低密度压裂支撑剂，过程中不产生二次固废。由于高铝粉煤灰有铝镓共存现象，同时提取镓和铝是目前的利用方向之一。

7.4.1.6　按氧化铁含量

粉煤灰中的铁组分主要来源于煤中的黄铁矿（FeS_2）等含铁矿物，且其存在状态与锅炉燃烧状况有很大的关系，一般是磁性铁（FeO）、赤铁矿（Fe_2O_3）（弱磁）、磁铁矿（Fe_3O_4）（强磁）和硅酸铁（Fe_2SiO_4）。也可能有菱铁矿（FeCO）、硅酸铁 $[Fe_2(SiO_3)_3]$ 以及铁酸钙（$CaFe_3O_5$）等形式。但当表述化学成分时，统称为氧化铁。氧化铁对降低熔点形成玻璃微珠有利，而且含氧化铁较多的粉煤灰有富铁磁珠。粉煤灰中的富铁磁珠以圆球状居多，大部分磁珠表面有粒状、针状、片状、鱼鳞状等不同几何形状的结晶。

对粉煤灰磁选前后的颗粒进行粒度测试发现，粉煤灰中的低铁颗粒、高铁颗粒的粒径有较大的差异。粉煤灰中的高铁颗粒主要分布在较大的颗粒中，低铁颗粒主要分布在较小的颗粒中，说明颗粒大小的铁富集效应，与碳的情况一致。

7.4.2 辅助性分类

7.4.2.1 按颗粒细度

虽然所有粉煤灰粒径分布范围都在 $0.1\mu m$ 到 $600\mu m$ 之间，但颗粒细度仍是差异最大的材料性质。颗粒细度（粒径大小和分布）取决于燃烧前煤的预处理、燃烧过程以及灰收集系统与后处理方式。粉煤灰越细，比表面积越大，活性越高，利用价值也越高。由于灰的收集方式不同，同一电厂可生产不同颗粒细度的粉煤灰。而同一批灰，分选出不同颗粒细度的粉煤灰，有些化学成分（颗粒细度越大，碳含量、铁含量越高，而硫含量、镓含量越少）或者矿物相的含量（颗粒细度越小，玻璃相含量越高）也会不同。电厂可通过不同的收集方式取得较细的原灰，但其粒径分布仍然较广，D90 一般都大于 $30\mu m$，无法满足高价值利用中超细粉煤灰颗粒细度的要求，而收集后经过分选或者研磨取得的细灰，比较容易满足高价值利用对原料细度与粒径品质稳定的要求。研磨可将粗灰或者细度不合格的灰，磨到要求的细度与稳定的粒径品质。分选也可将颗粒细度不一致的灰，分选出粒径品质一致的不同等级的灰。

目前粉煤灰的颗粒细度分类只有 GB/T 1956—2017 标准中是以 $45\mu m$ 方孔筛的筛余量分别为不超过质量比的 12%、30% 以及 45% 分为 Ⅰ级灰、Ⅱ级灰、Ⅲ级灰，主要用于拌制砂浆和混凝土，但无法满足不同应用领域的需求，特别是细度要求更高（更细）的高价值利用。较细的粉煤灰可通过燃煤电厂不同的收集方式取得，但其粒径分布仍然较广。但收集后经过分选或者研磨取得的细灰，一般粒径分布较窄，可满足高价值利用对原料粒径品质的要求。本标准采用 2 种检测颗粒大小的方法：GB/T 1345 的筛析法及 GB/T 19077 的粒度分析 - 激光衍射法（激光法）。筛析法是按 GB/T 1345 中 $45\mu m$（325 目）负压筛析法取得的筛余量，而激光法以激光粒度仪取得的以 D90 的大小为依据的限值。

本标准先以 GB/T 1345 为测试方法，也就是以 $45\mu m$ 方孔筛的筛余量用于 4 个等级分类，F6 到 F9，也对应现有标准中的等级：Ⅰ 级灰、Ⅱ 级灰、Ⅲ 级灰和无等级灰。对于满足 GB/T 1956—2017 标准中的Ⅰ级灰，进一步根据其 D90 大小，细分为 6 个等级，F1 到 F6，分别为不大于 $4\mu m$、$8\mu m$、$12\mu m$、$20\mu m$、$30\mu m$ 以及大于 $30\mu m$。

一般无机填料的颗粒细度越细，价格越高。粉煤灰可用于取代橡胶或塑胶中的填料，特别是圆球形貌的煤粉炉粉煤灰，可改进材料的加工性并降低黏度，对制品更可改善应力分布、提高冲击强度。而形貌不规则的循环流化床灰或者研磨后的粉煤灰，可提供半补强效果，但无法体现降低黏度的效果。粉煤灰本身具有高温稳定性以及高硬度特性，也提供了耐高温、耐磨、耐刮及降低收缩率等效果。但由于粉煤灰颜色是灰色或者深灰色，只适用黑色或者颜色不重要的应用。

7.4.2.2　按颗粒形貌

粉煤灰由三种主要颗粒形貌组成，即球形颗粒、不规则的熔融颗粒、炭粒。根据此三种颗粒的组成和比例，可将粉煤灰分成四类：Ⅰ 类含球形颗粒，Ⅱ 类除含球形颗粒外还有少量熔融玻璃体，该二类均为质量良好的粉煤灰，可以用作建筑材料；Ⅲ 类主要为熔融玻璃体和多孔疏松熔融玻璃体，必须加以磨细方可使用；Ⅳ 类为疏松熔融玻璃体及炭粒组成，不能用作建筑材料。

颗粒形貌方面，本标准引用《水力压裂和砾石充填作业用支撑剂性能测试方法》（SY/T 5108），参考标准中的球度与圆度测试方法，用于粉煤灰颗粒形貌的测定。颗粒图像获取至少 20 张（每张照片中颗粒数不少于 20 个），不同放大倍数的图像，根据 SY/T 5108 进行比对。如果每个颗粒的球度与圆度都≥0.8 的颗粒为球形颗粒。根据图像数据，本标准将粉煤灰颗粒形貌分为 3 个类别，球形颗粒含量比率不小于 60%，球形颗粒含量比率大于 40% 但小于 60%，球形颗粒含量比率不大于 40%，分别为球形形貌、混合型形貌及不规则形貌。

7.4.2.3　按玻璃相含量

玻璃相含量是粉煤灰火山灰反应活性最主要的贡献者，以无定形态的 SiO_2 和 Al_2O_3 存在，一般在 60% 以上，而硅铝酸盐玻璃体，除了有 Si、Al、O 主要成分外，还含有少量的 Ca、Fe、Na、K、Ti、Mg 和 Mn 等元素。而其晶体矿物，一般为 20% ~ 35%，通常包括石英、莫来石、石灰、磁铁矿、赤铁矿、长石、石膏，其中石膏和石灰是容易遇水溶解具有活性反应的晶体。以颗粒密度、玻璃体的结构与网络改变体含量可将粉煤灰玻璃体分为Ⅰ型玻璃体和Ⅱ型玻璃体。Ⅰ型玻璃体为硅铝酸盐玻璃体，具有比较低的网络改变体含量（$CaO + MgO + Na_2O + K_2O \approx 8\%$），通常出现在低密度粉煤灰颗粒中，即低钙粉煤灰。而低钙粉煤灰的玻璃体也分为成分接近于石英的富硅相以及成分接近于莫来石的富铝相。低钙粉煤灰中玻璃相含有非晶的 $Al_6Si_2O_{13}$ 相（其中部分结晶为莫来石相）和非晶的 SiO_2 相。Ⅱ型玻璃体为硅铝酸钙玻璃体，具有比较高的网络改变体含量（$CaO + MgO + Na_2O + K_2O \approx 27\%$），主要出现在高密度粉煤灰颗粒中，即高钙粉煤灰。

玻璃相的熔融状态时 Al 会以四配位形式取代 Si，需要阳离子来平衡取代后的负电荷。网络改变体的阳离子越多，硅铝网络体形成越少，分相结构便越少。低钙粉煤灰其网络改变体的阳离子少，分相结构变多，而高钙粉煤灰，其网络改变体的阳离子多，分相结构较少。从玻璃体组成上，根据网络改变体的量，粉煤灰中的铝硅玻璃体介于高硅质材料如硅灰和高炉矿渣之间，有时类似于一些商业玻璃。同时，高钙粉煤灰的组成介于矿渣和低钙粉煤灰之间。粉煤灰中的玻璃相含量不小于 60% 为高玻璃相灰，检测方法引用《电子封装用球形二氧化硅微粉中 α 态晶体二氧化硅含量的测试方法 XRD 法》（GB/T 36655—2018）和《氧化铝化学分析方法和物理性能测定方法 第 32 部分：α-三氧化二铝含量的测定 X-射线衍射法》（GB/T 6609.32—2009），参考标准中的方法，以 X 射线衍射法检测粉煤灰中玻璃相含量（参考标准的附录 C）。而粉煤灰的玻璃相一般在 60%~90% 之间，基本属于高玻璃相灰。

7.4.2.4 按铵含量

随着燃煤电厂脱硫脱硝工艺改造的普遍实施，有可能造成脱硝后粉煤灰中铵盐含量过量的问题。粉煤灰在水泥混凝土应用过程中陆续出现板结、附着料仓、异常气味、拌合物含气量高、混凝土体积膨胀和强度下降等问题，这些问题的出现均集中体现在有氨气的生成。

脱硝过程中氨逃逸的现象是无法避免的，逃逸的氨部分混合在烟气中排出，另外一部分则以 NH_4HSO_4 和（NH_4）$_2SO_4$ 等形式残留在粉煤灰中，主要是 NH_4HSO_4。一般认为，当脱硝工艺正常运行时，粉煤灰配制的混凝土基本性能与普通粉煤灰差异不大。但若 SCR 脱硝中脱硝剂用量过高或发电负荷降低等工况发生时，含铵粉煤灰的应用便会出现问题。脱硝后的氨氮副产物 NH_4HSO_4 及少量（NH_4）$_2SO_4$ 富集在粉煤灰颗粒上，随着粉煤灰进入水泥混凝土水化体系中。

通过试验研究不同铵含量的粉煤灰（掺量30%）作为水泥混合材和混凝土矿物掺合料的需水量比、28d 强度活性指数、胶砂强度、标准稠度用水量、胶砂流动度、安定性、凝结时间、含气量、假凝、干缩、水化热和外加剂适应性等主要物理性能。以下是试验结果。大致上，铵含量提高需水量比，降低 28d 活性指数、抗折和抗压强度，终凝时间则显著延长。

（1）铵含量对粉煤灰颗粒的粒径、比表面积及密度等性质无明显影响。

（2）随着粉煤灰铵含量的逐渐升高，需水量与铵量比呈现缓慢升高的趋势；并且粉煤灰的铵含量越高，需水量比升高的趋势越明显，但仍满足标准要求。不同铵含量的粉煤灰对需水量比无显著差别。

（3）随着粉煤灰铵含量的逐渐升高，28d 强度活性指数均呈现不同程度的下降。当粉煤灰铵含量从 21×10^{-6} 上升到 387×10^{-6}，28d 强度活性指数大约降低 5% ~ 10%；并且粉煤灰的铵含量越高，养护龄期越长，不同龄期强度活性指数下降趋势越明显。

（4）随着粉煤灰铵含量的逐渐升高，水泥胶砂的抗压强度和抗折强度均呈现逐渐下降的趋势，但是所有样品的强度活性指数均符合 GB/T 1596 中不低于 70% 的标准。相较于抗折强度，粉煤灰的铵含量对水泥胶砂抗压强度的负面影响更为显著。

（5）随着粉煤灰铵含量的逐渐升高，水泥的初凝时间有所延长，而终凝时间则显著延长；粉煤灰的铵含量越高，终凝时间的延长趋势越明显。粉煤灰铵含量对水泥标准稠度用水量和安定性的影响很小，但是粉煤灰铵含量的升高却显著延长了水泥的终凝时间。

（6）随着粉煤灰铵含量的逐渐升高，水泥胶砂流动度逐渐降低，水泥胶砂的含气量则呈现逐渐升高的趋势；并且粉煤灰的铵含量越高，水泥胶砂含气量的升高趋势越明显。

（7）粉煤灰铵含量对水泥的早期凝固现象可能有一定缓解，但是对不同龄期的水泥胶砂干缩没有影响。

（8）随着粉煤灰铵含量的逐渐增大，水泥相同龄期的水化热和放热速率均有所降低，但是总体变化不大。因此，结合水泥的水化热试验结果，可以认为粉煤灰的铵含量对水泥的水化热基本没有影响。

（9）铵含量对不同外加剂的适应性可以得出，铵含量对水泥净浆的 1h 流动性经时损失有一定影响，其对混凝土外加剂（聚羧酸减水剂）的适应性较好。

7.4.2.5 按有害元素含量

粉煤灰属于工业固体废弃物，其处置是根据《一般工业固体废物贮存、处置场污染控制标准》（GB 18599—2001）进行分类处置。标准中按照《固体废物 浸出毒性浸出方法》（GB 5086）标准中规定的方法进行浸出试验而获得的浸出液中，任何一种污染物的浓度均未超过最高允许排放浓度，且 pH 值在 6 至 9 范围之内定为第 I 类一般工业固体废物，而超标的定为第 II 类一般工业固体废物，而不进行有害或者无害判定。而粉煤灰是否含有害元素必须根据其实际用途而定，如果对应的应用标准限定有害元素种类和含量，则必须进行测试，判定是否超标，而不能一概而论。因此，有必要将粉煤灰按照现有的应用标准中对有害元素种类和含量的要求进行分类，有利于规避粉煤灰中有害元素对粉煤灰利用的影响，同时与无检测认定的粉煤灰区分，进而提高粉煤灰资源的利用价值。

粉煤灰中的有害元素主要来自煤，特别是在无机矿物里，而其含量一般非常低。但由于燃煤发电，使其浓度提高 2 倍以上，而有可能在某种应用中超过标准要求，特别是与土壤相关的应用，例如砷、镉、汞、铅、铬等元素。但也有在粉煤灰的产生过程中加入的外来有害元素，例如利用烟道处理脱硫废水带进来的氯离子。目前可作为粉煤灰用途的现有应用标准里，总共列举了有害元素种类高达 15 种，包括氯（Cl）、砷（As）、镉（Cd）、汞（Hg）、铅（Pb）、铬（Cr）、铜（Cu）、镍（Ni）、锌（Zn）、锑（Sb）、铍（Be）、钴（Co）、甲基汞（CH_3Hg）、钒（V）及氰化物。

在水泥和混凝土方面，《通用硅酸盐水泥》（GB 175—2007）及《混凝土结构设计规范》（GB 50010—2010）规定了所用粉煤灰中的氯离子含量不超过 600mg/kg。以《水泥化学分析方法》（GB/T 176—2017）检测氯离子含量。

在土壤环境质量方面，目前有《土壤环境质量建设用地土壤污染风险管控标准（试行）》（GB 36600—2018）以及《土壤环境质量农用地土壤污染风险管控标准（试行）》（GB 15618—2018）。标准中对污染物含量限值有筛选值和管控值。污染物含量超过管控值的，对人体健康通常存在不可接受风险，应当采取风险管控或修复措施，而污染物含量等于或者低于筛选该值的，对人体健康的风险可以忽略。超过筛选值，但不大于管控值的，对人体健康可能存在风险，应当展开进一步的调查和风险评估，确定具体污染范围和风险水平。检测方法和管控值如表 7-5 所示，而检测方法和筛选值如表 7-6 所示。

表 7-5　建设用地和农用地土壤污染风险管控标准的检测方法和管控值

土壤污染风险管控标准-管控值（mg/kg）		建设用地 GB 36600—2018		农用地 GB 15618—2018			
重金属与无机物	检测方法	第一类	第二类	pH≤5.5	pH≤6.5	pH≤7.5	pH＞7.5
砷 As	HJ 680	120	140	200	150	120	100
镉 Cd	GB/T 17141	47	172	1.5	2.0	3.0	4.0
汞 Hg	HJ 680	33	82	2.0	2.5	4.0	6.0
铅 Pb	HJ 780	800	2500	400	500	700	1000
铬 Cr	HJ 780			800	850	1000	1300
六价铬 Cr^{6+}	HJ 687	30	78				
铜 Cu	HJ 780	8000	36000				
镍 Ni	HJ 780	600	2000				
锑 Sb	HJ 680	40	360				
铍 Be	HJ 737	98	290				
钴 Co	HJ 780	190	350				
甲基汞 CH_3Hg	GB/T 17132	10	120				
钒 V	HJ 780	330	1500				
氰化物	HJ 745	44	270				

表 7-6　建设用地和农用地土壤污染风险管控标准的检测方法和筛选值

土壤污染风险管控标准-筛选值（mg/kg）		建设用地 GB 36600—2018		农用地 GB 15618—2018				
重金属与无机物	检测方法	第一类	第二类	pH≤5.5	pH≤6.5	pH≤7.5	pH＞7.5	土地分类
砷 As	HJ 680，HJ 803，GB/T 22105.2	20	60	30	30	25	20	水田
				40	40	30	25	其他
镉 Cd	GB/T 17141	20	65	0.3	0.4	0.6	0.8	水田
				0.3	0.3	0.3	0.6	其他
汞 Hg	HJ 680，GB/T 22105.1，GB/T 17136，HJ 923	8	38	0.5	0.5	0.6	1	水田
				1.3	1.8	2.4	3.4	其他
铅 Pb	HJ 780，GB/T 17141	400	800	80	100	140	240	水田
				70	90	120	170	其他
铜 Cu	HJ 780，GB/T 17138	2000	18000	150	150	200	200	果园
				50	50	100	100	其他

续表

土壤污染风险管控 标准-筛选值（mg/kg）		建设用地 GB 36600—2018		农用地 GB 15618—2018				
重金属与 无机物	检测方法	第一类	第二类	pH≤5.5	pH≤6.5	pH≤7.5	pH＞7.5	土地 分类
镍 Ni	HJ 780， GB/T 17139	150	900	60	70	100	190	无特定
锌 Zn	HJ 780， GB/T 17138			200	200	250	300	无特定
铬 Cr	HJ 491，HJ 780			250	250	300	350	水田
				150	150	200	250	其他
六价铬 Cr^{6+}	HJ 687	3	5.7					
锑 Sb	HJ 680，HJ 803	20	180					
铍 Be	HJ 737	15	29					
钴 Co	HJ 780，HJ 803	20	70					
甲基汞 CH_3Hg	GB/T 17132	5	45					
钒 V	HJ 780，HJ 803	165	752					
氰化物	HJ 745	22	135					

建设用地中，《城市用地分类与建设用地标准》（GB 50137—2011）根据保护对象暴露情况的不同分为两类：第一类用地包括居住用地、公共管理和公共服务用地、中小学用地、医疗卫生用地和社会福利设施用地，以及公园绿地中社区公园或儿童公园用地等；第二类用地包括工业用地、物流仓储用地、商业服务设施用地以及绿地与广场用地。其他建设用地可参照城市建设用地。

农用地是指《土地利用现状分类》（GB/T 21010—2017）中的耕地（包括水田、水浇田、旱地）、园地（包括果园、茶园）和草地（包括天然牧草地、人工牧草地）。

7.4.2.6　按有价元素含量

粉煤灰有价元素主要来源于燃烧所用的煤炭。本标准定义了粉煤灰10种有价元素为：镓（Ga）、钪（Sc）、锗（Ge）、铌（Nb）、硒（Se）、稀土元素（REO）、铀（U）、钒（V）、锆（Zr）、锂（Li）元素或者其氧化物含量达到矿物开采品位的元素。采用《无机代工产品　杂质元素的测

定 电感耦合等离子体质谱法（ICP-MS)》（GB/T 30903—2014）检测方法用于粉煤灰中微量有价元素的测试。以下介绍目前6种煤矿富含有价元素以及分布情况：

（1）煤型钪矿床：全世界90%～95%钪赋存于铝土矿、磷矿岩和铁钛矿石中，而在内蒙古的高铝煤也具有较高的钪含量。

（2）煤型锗矿床：煤型锗矿床包括我国云南省临沧煤中超大型锗矿床及内蒙古乌兰图嘎与煤共生的锗矿床。锗在煤中主要存在于有机质中，但也有少部分以矿物形式存在。

（3）煤型铀矿床：我国云南腾冲地区煤中的铀几十年前就已被工业开发利用。煤中的铀基本上以有机结合态为主，但也在部分地区煤中发现了含铀的矿物，如贵州贵定地区的钛铀矿（UTi_2O_6）及沥青铀矿（UO_2）。在煤–铀矿床中往往也富集V、Se等微量元素，形成特有的U—Se—Mo—Re—V富集组合，例如新疆伊犁、云南砚山、贵州贵定、广西合山等煤型铀矿床。

（4）煤型稀土矿床：传统的稀土矿床的评价方法大多关注稀土元素氧化物的总量。

（5）煤型镓矿床：较典型的煤型镓矿床是内蒙古准格尔与石炭纪煤共伴生的超大型镓矿床，该矿床目前已经进入勘探开发阶段。这些赋存在矿物中的镓（和铝）在经过燃烧后会在粉煤灰中富集。

（6）煤型铌矿床：煤型铌矿床的研究始于煤层中富Nb—Zr—REE—Ga的碱性火山灰蚀变的黏土岩夹矸（tonstein）。据推测，Nb、Zr、REE和Ga等稀有金属元素可能是以离子吸附态赋存于黏土矿物中。煤型铌矿床主要赋存在滇东地区上二叠统含煤岩系（宣威组）底部不含煤的Nb（Ta）—Zr（Hf）—REE—Ga多金属矿床以及重庆四川地区上二叠统（龙潭组）底部煤层的碱性火山灰蚀变的黏土岩夹矸中。

7.5 标准编制内容

本标准将粉煤灰分为主要分类和辅助性分类，如表7-7所示。主要分类包括：按燃煤方式分类、按化学成分含量分类。其中，燃煤方式主要是锅炉炉型，包含煤粉炉、循环流化床；化学成分含量主要是碳含量或烧失量、氧化钙/游离氧化钙含量、氧化硫含量、氧化铝含量及氧化铁含量。辅助性分类包括：以颗粒细度、颗粒形貌、玻璃相含量、铵含量、有害元素含量及有价元素含量进行分类。

表 7-7　分类种类、方式、指标和类别

分类种类	分类方式	分类指标	分类类别
主要分类	燃煤方式	煤粉锅炉、循环流化床锅炉	煤粉炉灰、循环流化床灰、无法确定或二者混合灰
	化学成分含量	煤粉炉粉煤灰-烧失量超标、不超标其他粉煤灰-碳含量超标、不超标	高碳灰、低碳灰（3 级：Ⅰ、Ⅱ、Ⅲ）高碳灰、低碳灰
		氧化钙或游离氧化钙含量超标、都不超标	高钙灰、低钙灰
		氧化硫含量超标、不超标	高硫灰、低硫灰
		氧化铝含量超标、不超标	高铝灰、低铝灰
		氧化铁含量超标、不超标	高铁灰、低铁灰
		以上 5 种化学成分含量都不超标	普通灰
辅助性分类	颗粒细度	以 D90 和 45 μm 筛的筛余量分为 9 等级	F1 ~ F9
	颗粒形貌	以球形颗粒百分比，分为 3 类	球形、混合型、不规则型
	玻璃相含量	玻璃相含量超标、不超标	高玻璃相灰、低玻璃相灰
	铵含量	铵含量超标、不超标	高铵灰、低铵灰
	有害元素含量	在特定应用标准中规定的有害元素含量至少有一种超标、都不超标	有害灰、无害灰
	有价元素含量	有价元素含量超标	有价元素灰

7.5.1　主要分类

主要分类的第一顺位标记，以燃煤方式为依据，分为：煤粉炉灰（Pulverized-Coal Ash）、循环流化床灰（Fluidizing-Bed Ash）、二者混合灰或无法确认炉型灰（Uncertain or Mixed Ash），分别以大写英文字母 P、B、X 表示，如表 7-8 所示。

表 7-8　燃煤方式的分类类别、检测方法、指标值和命名

分类类别	检测方法	指标值	命名
煤粉炉灰	无	煤粉炉锅炉	P
循环流化床灰	无	循环流化床锅炉	B
混合灰	无	无法确定或以上二者的混合	X

主要分类的第二顺位标记，以化学成分的含量为依据，包括碳含量（Carbon content）或烧失量（Loss on Ignition）、氧化钙含量（Calcium oxide content）/游离氧化钙含量（Calcium ion content）、氧化硫含量

（Sulfur trioxide content）、氧化铝含量（Alumina oxide content）、氧化铁含量（Iron oxide content），分别以大写英文字母 C、K、S、A、I 表示。

　　每种化学成分分为高含量、低含量 2 个等级，分别以该成分所对应大写字母下标 H（High content）、O（Ordinary content）表示。当某一化学成分含量超标时，在其对应大写英文字母下方标"H"表示，例如，氧化钙含量或者游离氧化钙含量超标，标为 K_H；如该成分不超标，则在其对应大写英文字母下方标"O"表示，例如，氧化钙含量以及游离氧化钙含量都不超标，标为 K_O。如果 5 种化学成分含量都不超标，则称为普通灰（Ordinary Fly Ash），以大写英文字母"O"表示。对于煤粉炉粉煤灰的低碳灰，参考 GB/T 1596 的分类方式，按照烧失量不大于 5%、8%、10%，分为 3 级，分别以 C_I、C_{II}、C_{III} 表示，而烧失量大于 10% 则为高碳灰，以 C_H 表示；对于循环流化床粉煤灰，或循环流化床与煤粉炉灰的混合灰，以及无法确定炉型的灰，以 C_O 表示其碳含量不大于 5%，以 C_H 表示其碳含量大于 5%。根据资源化利用的需求，进行相关化学成分含量的检测。具体分类见表 7-9。

表 7-9　化学成分含量的分类类别、指标值、标记和检测方法

分类类别	指标值	标记	检测方法
高碳灰	烧失量 >10%，适用于 P 碳含量 >5%，适用于 B 或 X	C_H	GB/T 176 附录 A
低碳灰	8%<烧失量≤10%，适用于 P 5%<烧失量≤8%，适用于 P 烧失量≤5%，适用于 P	C_{III} C_{II} C_I	GB/T 176
	碳含量≤5%，适用于 B 或 X	C_O	附录 A
高钙灰 低钙灰	氧化钙（CaO）含量 >10% 或游离氧化钙（f-CaO）含量 >1% 氧化钙（CaO）含量≤10% 而且游离氧化钙（f-CaO）含量≤1%	K_H K_O	GB/T 176（氧化钙含量） DL/T 498（游离氧化钙含量）
高硫灰 低硫灰	氧化硫（SO_3）含量 >3.5% 氧化硫（SO_3）含量≤3.5%	S_H S_O	GB/T 176（表 7-8 的 P 或 B） GB/T 5484（炉外除尘前采用干法或半干法脱硫工艺排出的灰渣）
高铝灰 低铝灰	氧化铝（Al_2O_3）含量≥40% 氧化铝（Al_2O_3）含量 <40%	A_H A_O	GB/T 176
高铁灰 低铁灰	氧化铁（Fe_2O_3）含量 >8% 氧化铁（Fe_2O_3）含量≤8%	I_H I_O	GB/T 176

续表

分类类别	指标值	标记	检测方法
普通灰	满足低碳灰、低钙灰、低硫灰、低铝灰以及低铁灰的要求	O	根据以上测试方法

7.5.2 辅助性分类

7.5.2.1 按颗粒细度分类

颗粒细度（Fineness）以 F 代表，紧跟着下标的 1～9 数字分别代表 9 个不同的细度等级，其测试方法与指标限值，如表 7-10 所示。

表 7-10 颗粒细度的分类类别、指标值、标记和检测方法

分类类别	指标值	标记	检测方法
细度 1	$D90 \leqslant 4\mu m$	F_1	
细度 2	$4\mu m < D90 \leqslant 8\mu m$	F_2	
细度 3	$8\mu m < D90 \leqslant 12\mu m$	F_3	GB/T 19077
细度 4	$12\mu m < D90 \leqslant 20\mu m$	F_4	
细度 5	$20\mu m < D90 \leqslant 30\mu m$	F_5	
细度 6	筛余量 $\leqslant 12\%$	F_6	
细度 7	$12\% <$ 筛余量 $\leqslant 30\%$	F_7	
细度 8	$30\% <$ 筛余量 $\leqslant 45\%$	F_8	GB/T 1345
细度 9	筛余量 $>45\%$	F_9	

7.5.2.2 按颗粒形貌分类

颗粒形貌（Particle Morphology）以 M 代表，分为三种不同形貌，以紧跟着下标大写英文字母表示，以 R 代表球形形貌（Round Shape）、以 I 代表不规则形貌（Irregular Shape）或者以 M 代表混合型形貌（Mixed Shape），其具体分类、测试方法、指标限值与标记，如表 7-11 所示。

表 7-11 颗粒形貌的分类类别、指标值、标记和检测方法

分类类别	指标值	标记	检测方法
球形	球形颗粒含量比率 $\geqslant 60\%$	M_R	
混合型	$40\% <$ 球形颗粒含量比率 $< 60\%$	M_M	附录 B
不规则型	球形颗粒含量比率 $\leqslant 40\%$	M_I	

7.5.2.3 按玻璃相分类

粉煤灰按玻璃相含量（Glass content）进行分类时，以 G 表示：G_H 代表高玻璃相灰，表示玻璃相含量不小于 60%；以 G_0 代表低玻璃相灰，表示玻璃相含量小于 60%。具体玻璃相含量的分类类别、检测方法、指标值与标记，如表 7-12 所示。

表 7-12 玻璃相含量的分类类别、指标值、标记和检测方法

分类类别	检测方法	指标值	标记
高玻璃相灰	附录 C	玻璃相含量≥60%	G_H
低玻璃相灰		玻璃相含量＜60%	G_0

7.5.2.4 按氨含量分类

粉煤灰按照铵含量分类时，以 N 代表铵含量（Ammonia content）：N_H 代表高铵灰，表示铵含量大于 200mg/kg；N_0 代表低铵灰，表示铵含量不大于 200mg/kg。具体铵含量的分类类别、检测方法、指标值与标记，如表 7-13 所示。

表 7-13 铵含量的分类类别、指标值、标记和检测方法

分类类别	检测方法	指标值	标记
高铵灰	附录 D	铵离子＞200mg/kg	N_H
低铵灰		铵离子≤200mg/kg	N_0

7.5.2.5 按有价元素含量分类

按照有价元素含量（Valuable element content）分类的粉煤灰以 V 表示，下角标标以有价元素的元素符号，以表示该有价元素含量或者其氧化物含量达到矿产开采的水平。粉煤灰中确认的 10 类有价元素，分别为：镓（Ga）、钪（Sc）、锗（Ge）、铌（Nb）、硒（Se）、铀（U）、锆（Zr）、稀土元素氧化物（REO）、钒（V）以及锂（Li）。其中钒（V）和锂（Li）以氧化钒（V_2O_5）及氧化锂（Li_2O）含量为指标，而其他以元素含量为指标。粉煤灰中有价元素种类、检测方法、指标值与标记，如表 7-14 所示。如果有多种有价元素含量达到矿产开采水平，则在下角标连续标注，以分号分开。例如，$V_{Ga;REO}$ 代表 Ga 与 REO 含量均达到矿产开采水平。

表 7-14 有价元素含量的分类类别、指标值、标记和检测方法

分类类别	指标值（mg/kg）	标记	检测方法
镓含量 Ga	≥50	V_{Ga}	
钪含量 Sc	≥100	V_{Sc}	
锗含量 Ge	≥100	V_{Ge}	
铌含量 Nb	≥160	V_{Nb}	
硒含量 Se	≥500	V_{Se}	
铀含量 U	≥1000	V_U	附录 E
锆含量 Zr	≥2000	V_{Zr}	
稀土元素氧化物含量 REO	≥1000	V_{REO}	
氧化钒含量 V_2O_5	≥5000	V_V	
氧化锂含量 Li_2O	≥2000	V_{Li}	

7.5.2.6 按有害元素含量分类

在涉及粉煤灰中有害元素的特定应用领域中，具体有害元素的类别及其限值，依据该领域现行标准执行。

本标准对有害元素的标记方式为：以大写英文字母 H（Harmful）表示粉煤灰在特定领域应用时，依据该领域现行标准的规定，所用粉煤灰至少有一种有害元素含量超过该标准规定的限值；若所用粉煤灰中所有有害元素含量都没有超过该领域现行标准规定限值，则以大写英文字母 L（Harmless）表示。所对应的该特定领域，根据该领域的英文名称，简写为第一个大写字母，以下角标形式，标注于 H 或 L 右下方，例如在水泥（Cement）、混凝土（Concrete）等方面的应用标准，以 C 代表；农用地（Agricultural Land）方面的应用标准，以 A 代表；建设用地（Development Land）方面的应用标准，以 D 代表。如单一字母有重复，则提取头两个英文字母以便区分，如此类推。如果特定应用标准中含有几种不同的类别，也跟随下标的应用英文字母以下标数字区分，例如含有第一类和第二类，则以 1、2 区分；含有 4 种不同检测情况，则以 1、2、3、4 区分，如此类推。

特定领域的现行应用标准中对有害元素含量的具体规定用于本标准的分类类别、检测方法、指标值以及标记，如表 7-15 列举了《通用硅酸盐水泥》（GB 175—2007）及《混凝土结构设计规范》（GB 50010—2010）标准中规定所用的粉煤灰中氯离子含量的要求和检测方法；在土壤环境质量方面，有《土壤环境质量农用地土壤污染风险管控标准（试行）》（GB 15618—2018）以及《土壤环境质量建设用地土壤污染风险

管控标准（试行）》（GB 36600—2018）对重金属和无机物的测试方法、管控的指标值要求以及不同分类。

表 7-15 有害元素含量的分类类别、指标值、标记和检测方法

分类类别	指标值（mg/kg）				标记	检测方法
GB 175《通用硅酸盐水泥》 GB 50010《混凝土结构设计规范》						GB/T 176
用于水泥、混凝土的有害灰	氯离子 Cl⁻ >600				H_C	
用于水泥、混凝土的无害灰	氯离子 Cl⁻ ≤600				L_C	
GB 15618—2018《土壤环境质量 农用地土壤污染风险管控标准》：管控值	不同 pH 值 ≤5.5 ≤6.5 ≤7.5 >7.5					
	镉 Cd	1.5	2.5	3.0	4.0	GB/T 17141
	铬 Cr	800	850	1000	1300	HJ 491
	汞 Hg	2.0	2.5	4.0	6.0	HJ 680
	砷 As	200	150	120	100	HJ 680
	铅 Pb	400	500	700	1000	HJ 780
用于农用地的有害灰	至少 1 个元素含量大于指标值					
	在 pH≤5.5				H_{A1}	
	在 5.5<pH≤6.5				H_{A2}	
	在 6.5<pH≤7.5				H_{A3}	
	在 pH>7.5				H_{A4}	
用于农用地的无害灰	所有元素含量都不大于指标值					
	在 pH≤5.5				L_{A1}	
	在 5.5<pH≤6.5				L_{A2}	
	在 6.5<pH≤7.5				L_{A3}	
	在 pH>7.5				L_{A4}	
GB 36600—2018《土壤环境质量 建设用地土壤污染风险管控标准》：管控值	类别	第一类	第二类			GB/T 17141
	镉 Cd	47	172			HJ 687
	六价铬 Cr⁶⁺	30	78			HJ 680
	砷 As	120	140			HJ 680
	汞 Hg	33	82			HJ 680
	锑 Sb	40	360			HJ 737
	铍 Be	98	290			HJ 745
	氰化物	44	270			HJ 780
	铜 Cu	8000	36000			HJ 780
	铅 Pb	800	2500			HJ 780
	镍 Ni	600	2000			HJ 780
	钴 Co	190	350			HJ 780
	钒 V	330	1500			HJ 780
	甲基汞 CH_3Hg	10	120			GB/T 17132
用于建设用地的有害灰 用于建设用地的无害灰	至少 1 个元素含量大于指标值					
	第一类				H_{D1}	
	第二类				H_{D2}	
	所有元素含量都不大于指标值					
	第一类				L_{D1}	
	第二类				L_{D2}	

附注：农用地指的是耕地、园地和草地。建设用地是指建造建筑物、构筑物的土地，包括城乡住宅和公共设施用地、工矿用地、交通水利设施用地、旅游用地、军事设施用地。建设用地中城市建设用地可分为两类：第一类用地包括居住用地、公共管理和公共服务用地、中小学用地、医疗卫生用地和社会福利设施用地，以及公园绿地中社区公园或儿童公园用地等；而第二类用地包括工业用地、物流仓储用地、商业服务设施用地以及绿地与广场用地。其他建设用地可参照城市建设用地。

如果同一种粉煤灰涉及多个资源化应用领域，且该粉煤灰的有害元素含量在各领域中都至少有一种超标，则在 H 下角标中连续标注各领域，且以分号分开。如 $H_{C;D1}$ 所代表的粉煤灰，在现有水泥、混凝土及建设用地第一类的应用标准中各有至少一个有害元素含量超标；反之，$L_{C;D1}$ 所代表的粉煤灰，在现有水泥、混凝土及建设用地第一类的应用标准中所有有害元素含量都不超标。如果是 $H_C L_{A1}$，则表示粉煤灰中氯离子含量超过 600mg/kg，无法在水泥、混凝土中使用；但可用于农用地第一类使用，其镉含量不大于 1.5mg/kg，铬含量不大于 800mg/kg，汞含量不大于 2.0mg/kg，砷含量不大于 200mg/kg 以及铅含量不大于 400mg/kg。

7.5.3　分类指标汇总

根据对分类方式和不同分类类型的以上描述，对粉煤灰的分类指标和检测方法汇总如表 7-16 所示。

表 7-16　粉煤灰资源化利用分类指标汇总

依据	分类类别	检测方法	指标值	命名
燃烧方式	煤粉炉灰	无	煤粉炉锅炉	P
	循环流化床灰		循环流化床锅炉	B
	混合灰		无法确定或以上二者混合	X
主要分类	主要和次要化学成分含量	高碳灰	附录 A-碳含量双气氛检测方法	含碳量 >5%，适用于 B 或 X	C_H
			GB/T 176	烧失量 >10%，适用于 P	
		高钙灰	GB/T 176 或 DL/T 498	氧化钙（CaO）含量 >10% 或游离氧化钙（f-CaO）含量 >1%	K_H
		高硫灰	GB/T 176	氧化硫（SO_3）含量 >3.5%	S_H
		高铝灰	GB/T 176	氧化铝（Al_2O_3）含量 ≥40%	A_H
		高铁灰	GB/T 176	氧化铁（Fe_2O_3）含量 >8%	I_H
		普通灰	根据以上测试方法	以上都不超过指标值	O
辅助性分类	颗粒细度	细度 1	GB/T 19077	D90 ≤4μm	F_1
		细度 2		4μm < D90 ≤8μm	F_2
		细度 3		8μm < D90 ≤12μm	F_3
		细度 4		12μm < D90 ≤20μm	F_4
		细度 5		20μm < D90 ≤30μm	F_5
		细度 6	筛余量采用 GB/T 1345	筛余量 ≤12%	F_6
		细度 7		12% < 筛余量 ≤30%	F_7
		细度 8		30% < 筛余量 ≤45%	F_8
		细度 9		筛余量 >45%	F_9

续表

依据	分类类别	检测方法	指标值	命名
颗粒形貌	球形	附录 B-颗粒形貌检测方法	球形颗粒含量比率≥60%	M_R
	混合型		40%＜球形颗粒含量比率＜60%	M_M
	不规则型		球形颗粒含量比率≤40%	M_I
玻璃相	高玻璃相灰	附录 C-玻璃相含量检测方法	玻璃相含量≥60%	G_H
氨含量	高铵灰	附录 D-铵离子含量检测方法	铵离子＞200mg/kg	N_H
辅助性分类	有价元素含量	镓含量 Ga		≥50mg/kg	V_{Ga}
		钪含量 Sc		≥100mg/kg	V_{Sc}
		锗含量 Ge		≥100mg/kg	V_{Ge}
		铌含量 Nb		≥160mg/kg	V_{Nb}
		硒含量 Se	附录 E-有价元素含量测试方法	≥500mg/kg	V_{Se}
		铀含量 U		≥1000mg/kg	V_U
		锆含量 Zr		≥2000mg/kg	V_{Zr}
		氧化钒含量 V_2O_5		≥1000mg/kg	V_V
		稀土元素含量 REO		≥1000mg/kg	V_{REO}
		氧化锂含量 Li_2O		≥2000mg/kg	V_{Li}
	有害元素含量		参照表 7-15		H 或 L

7.5.4 粉煤灰分类的命名表述

分类标记分为 2 段：第 1 段是主要分类；第 2 段是辅助性分类，之间以间隔号"－"隔开，如图 7-2 所示。粉煤灰的分类标记，至少需有两个英文大写字母，除第一个燃煤方式的字母是必要标识外，至少还有一个代表主要分类或辅助性分类的大写英文字母，用于表明特定应用领域对粉煤灰原料特性的需求。第 1 段主要分类的第一个英文字母代表燃煤方式（代表煤粉炉灰的 P、循环流化床灰的 B 或者无法确定或混合灰的 X），是必需的字母；而第二个及以后的大写英文字母，根据应用需求选用，分别代表 5 种化学成分含量的高低，包括烧失量或碳含量的 C、氧化钙和游离氧化钙含量的 K、氧化硫含量的 S、氧化铝含量的 A 及氧化铁含量的 I，或者如果这 5 种化学成分含量都低，则以 O 代表普通灰，以避免重叠或交叉标记。第 1 段最多可有 6 个大写英文字母。第 2 段的辅助性分类，可以没有任何大写英文字母，表示不需要任何辅助性分类；最多可有 7 个大写英文字母，包括代表颗粒细度的 F、颗粒形貌的

M、玻璃相含量的 G、铵含量的 N、某特定应用标准的有害元素含量超标的 H 以及都不超标的 L、可提取有价元素含量的 V。

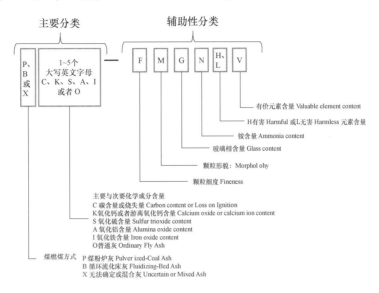

图 7-2　主要分类与辅助性分类的大写英文字母命名代号

　　根据粉煤灰资源化利用的需求，对所生产或所使用的粉煤灰进行必要的分类检测，从而将其与其他不适用或无检测标识的粉煤灰区分开来。本标准中所规定的粉煤灰，标记最简单的由 2 个英文字母组成：第一个字母为燃烧方式、第二个字母为主要分类或辅助性分类。本标准中标记的粉煤灰，只需根据资源化利用的需要，按照相应的分类类别进行相应检测即可。例如，对资源化利用领域为有价元素提取的粉煤灰，只需要表征相应的有价元素即可，如 $P\text{-}V_{REO}$ 表示可用于提取稀土元素的煤粉炉粉煤灰。可用于提铝的循环流化床高铝灰，以 BA_H 表示，以区别于其他粉煤灰。而标记为 PO、$PC_IK_0S_0$、$PC_{II}K_0S_0$、$PC_{II}K_0S_0$ 分别代表煤粉炉普通灰、低碳 I 低钙低硫煤粉炉灰、低碳 II 低钙低硫煤粉炉灰、低碳 III 低钙低硫煤粉炉灰，包含在现有国标 GB/T 1596 标准中对煤粉炉粉煤灰的基本化学成分的要求。

8 粉煤灰资源化利用展望

我国是以燃煤发电为主的国家,是世界上最大粉煤灰生产国,年产量为5亿多吨,约占世界总量的50%（总量为11亿多吨）。虽然我国粉煤灰的利用率达到70%左右,比世界的平均利用率高（约60%）,仍然有上亿吨待利用,不容忽视,主要在偏远地区。粉煤灰的利用取决于其生产地的市场需求以及其材料性质。粉煤灰目前主要的利用还在低端的建材市场,约占总利用率的85%以上。大城市与东部沿海地区,由于建材行业的需要量大,电厂的粉煤灰大部分可达到100%利用,而偏远地区电厂或循环流化床电厂的粉煤灰特殊的性质,建材市场容量小,利用率低,甚至是零利用率。因此,需要改变目前"资源化"的思维并扩大其利用途径,才可能进一步提高总利用率,突破70%左右瓶颈,达到全资源化利用。

从循环经济的角度,煤从地下或地面开采出来的资源,是由有机物（大芳环和稠环的碳）和无机矿物（接近黏土的成分）组成的,燃煤发电是利用其有机碳燃烧后产生的灰渣（高温烧结后的无机矿物）,除了能充分利用其材料特性并结合市场的需求作为有价值产品的原料外,最主要的利用方向应该是回填以及土壤相关的生态治理,特别是偏远地区的电厂,尤其是煤电一体化的电厂。回填包括工程回填、建筑用地回填、路堤回填以及矿井回填。前三者的利用与生态治理都产生土地价值。即使是矿井回填,对地下煤矿,应进行充填开采置换煤柱,产生经济效益,降低充填开采成本,而对露天煤矿,则进行矿区周边的生态治理,产生土地与环境的效益。

从材料科学的角度,每个电厂的粉煤灰都有三个基本材料性质:颗粒细度与形貌、化学成分以及矿物组分。这三种基本材料性质决定其物理与化学性能用于资源化利用。根据其基本材料性质分析,粉煤灰属于硅铝酸盐微米粉体,燃烧后的产物具有耐高温及以下4个潜在的材料利用特性:

（1）微米颗粒与形貌效果:用于微米集料、微米填料、微米载体材料等应用。

（2）硅铝酸盐玻璃相、石灰与石膏的晶相含量:在碱性条件下具有胶凝能力,可以用于建材、矿井充填固化材料、污染物与危险固废的固化材料、制备多孔集料用于生态治理的保水固沙利用材料等。

（3）化学成分与黏土接近：可取代黏土用于制备相关的材料，包括水泥、陶瓷制品等。

（4）高价值元素含量：高铝含量可用于取代铝矾土制备相关材料，包括提铝、制备压裂支撑剂，工业结构陶瓷产品等。高有价元素含量达到矿产品位，例如镓、锗、稀土元素等可用于元素提取与全元素利用。高碳含量、高铁含量、高钙含量及高硫含量有其特定的用途。

根据以上潜在的材料利用特性，粉煤灰利用可规划以下 6 个金字塔式的应用领域，如图 8-1 所示，最底层的利用量大但价值低，而越高层次的利用量下降，但价值提高。产生产品利用价值的领域包括量大的矿井充填开采、建材以及量小的高值化和特殊利用（包括危废固化处理等）。产生土地利用价值的领域包括矿区生态治理、荒地治理和土壤改良、道路以及建设用地。以粉煤灰作为繁荣地方经济的原料，通过产生产品或土地利用价值的循环经济产业链，达到经济与社会效益兼顾的效果。在偏远地区，特别需要重视矿井充填开采以及土地方面的利用。

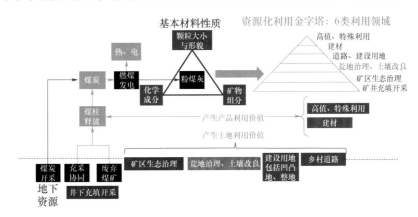

图 8-1　粉煤灰资源化利用六大领域的产品与土地利用效益

粉煤灰三个基本材料性质取决于燃煤电厂使用的煤种、燃煤工艺及环保工程的操作条件。粉煤灰的化学成分主要来自煤中的无机组分，以硅和铝为主要元素，以铁、钙、硫为次要元素以及其他多种少量与微量元素。电厂的燃煤工艺也会影响粉煤灰的化学成分、矿物组成及颗粒细度与形貌。电厂现有 2 种不同的燃煤锅炉：煤粉炉和循环流化床，会产生不同颗粒形貌以及不同的矿物组分。锅炉燃烧程度会影响粉煤灰的碳含量。电厂的环保工程也可能产生其他外来的化学成分，例如炉内脱硫增加钙含量和硫含量、脱硝不当的铵吸附在粉煤灰表面、在除尘系统前以烟气蒸发处理脱硫废水造成氯离子含量较高等结果。由于电厂采用的煤种以及燃煤工艺与环保工程操作条件的差异，每个燃煤电厂，甚至同个电厂在不同时期产生的粉煤灰性质不尽相同，用途也会跟着不同。因此，有必要进行燃煤电厂粉煤灰资源化利用分类规范，以便协助电厂在其可控的选煤以及燃烧工艺与环保工艺下，对粉煤灰进行更加有效的生产与管理，从而促进粉煤灰资源化利用及处置。同时可根据粉煤灰资源化利用的需求，对所生产或所使用的粉煤灰进行必要的分类检测，从而将其与其他不适用或无检测标识的粉煤灰区分开来。

根据资源化利用的需求，对燃煤电厂粉煤灰提供了12种检测标识分类：①循环流化床或煤粉炉灰、②高铝灰、③高碳灰、④高钙灰、⑤高硫灰、⑥普通灰、⑦高铵灰、⑧有价元素灰、⑨有害或者无害元素灰、⑩颗粒细度、⑪颗粒形貌以及⑫玻璃相含量等。高铝灰和有价元素灰，明确地标识此类粉煤灰分别用于取代铝矾土或者其特定有价元素含量达到矿产开采品位可用于提取利用。高铵灰可警惕电厂脱硝不正常造成后续无法在建材方面的使用或可利用高铵含量用于土壤改良或碱激发利用的方向。有害灰或者无害灰的检测标识，可协助电厂或灰商判断是否适用于特定的用途，例如矿井充填开采、土壤方面的治理，以及混凝土等应用。同时，高碳灰、高钙灰以及高硫灰，可促进利用其高含量的优势，开展其特定用途的利用。颗粒细度、形貌以及玻璃相含量标识，协助使用者可在特定的应用方面，充分发挥其细度或级配效应、形貌以及活性含量的特色。总之，粉煤灰作为材料，则不能只有一种统称，而需根据利用的需求与其材料性质，给予适当的标识，区分不适用的粉煤灰，才能达到就地取材、因地制宜、因材施用的效果，达到资源化全利用的目标。

参考文献

［1］《粉煤灰综合利用管理办法（2013）》.

［2］中华人民共和国国家质量监督检验检疫总局，中国国家标准化管理委员会．用于水泥和混凝土中的粉煤灰：GB/T 1596—2017［S］．北京：中国标准出版社，2017.

［3］K. Ladwig, Comparison of Coal Combustion Products to Other Common Materials Chemical Characteristics, EPRI report 1020556, Sept. 2010.

［4］吴正直．粉煤灰综合利用［M］．北京：中国建材工业出版社，2013.

［5］卓锦德．从材料科学实现粉煤灰的高值化利用［C］// 河南省资源综合利用产业研究院暨首届高峰论坛，2019.

［6］《中华人民共和国环境保护税法》

［7］国家环境保护总局．一般工业固体废物贮存、处置场污染控制标准：GB 18599—2001［S］．北京：中国环境科学出版社，2001.

［8］中华人民共和国环境保护部．固体废物鉴别标准通则：GB 34330—2017［S］．北京：中国环境科学出版社，2017.

［9］US EPA 40 CFR Parts 257 and 261, Disposal of Coal Combustion Residuals from Electric Utilities Final Rule, Effective on Oct. 4, 2016.

［10］Craig Heidrich, Coal Combustion Products：Global Operating Environment, 2017 World of Coal Ash Conference (WOCA), May 8-11, 2017 in Lexington, Kentucky, USA.

［11］薛福连．利用粉煤灰生产硅酸盐水泥熟料［J］．粉煤灰，2007（04）：41-41.

［12］姚丕强．粉煤灰在水泥生产中的应用技术［C］// 2006 中国科协年会，2006.

［13］刘双双，黄孝章．大掺量粉煤灰水泥技术及其应用［J］．中国煤炭，2007，33（009）：64-65.

［14］吴克刚，谢友均，李世秋．粉煤灰混凝土的抗碳化性能研究［J］．粉煤灰，2008（06）：34-37.

［15］龙广成，谢友均，牛丽坤．砂浆中粉煤灰的最佳掺量［J］．硅酸盐学报，2006，34（006）：762-765.

［16］陶有生．综合利用粉煤灰生产墙体材料值得重视的问题［J］．粉煤灰，2001，013（005）：4-6.

［17］代德伟，刘京丽，王钰．国内外加气混凝土产业现状及发展趋势［J］．混凝土世界，2013，29（004）：30-33.

［18］北京市现代建材公司．加气混凝土墙板生产及应用［C］//中国加气混凝土协会年会，2003.

[19] 耿健. 粉煤灰对砌筑砂浆工作性能的影响 [C] //混凝土低碳技术国际学术研讨会暨全国高性能混凝土学术研讨会, 2010.

[20] 龙广成, 谢友均, 牛丽坤. 砂浆中粉煤灰的最佳掺量 [J]. 硅酸盐学报, 2006, 34 (006): 762-765.

[21] 赵敏岗, 樊钧, 赵立群. 粉煤灰在干混砂浆中的应用研究 [J]. 粉煤灰, 2004, 16 (5): 3-4, 7.

[22] 王培铭, 张国防. 工业固体废弃物在干混砂浆中应用的研究进展 [J]. 混凝土世界, 2010 (04): 44-47.

[23] 马保国, 罗忠涛, 高小建, 等. 矿物掺合料对水泥砂浆硫酸盐侵蚀的影响及机理 [J]. 铁道科学与工程学报, 2006, 003 (006): 46-49.

[24] 李玉海, 赵锐球. 粉煤灰对自流平砂浆性能的影响 [J]. 新型建筑材料, 2006 (010): 16-18.

[25] 盛广宏. 循环流化床锅炉粉煤灰的特点及其在水泥工业中的应用 [J]. 水泥工程, 2009 (5): 79-82.

[26] 朱文尚, 颜碧兰, 江丽珍. 循环流化床燃煤固硫灰渣研究利用现状 [J]. 粉煤灰, 2011 (03): 29-30 + 37.

[27] 陈袁魁, 包正宇, 龙世宗, 等, 高钙脱硫灰渣用作水泥原料的研究 [J]. 水泥工程, 2006 (04): 10-12, 19.

[28] 孙幸福, 王志强, 李万胜. 循环流化床半干法烧结烟气脱硫探讨 [C] // 全国燃煤二氧化硫氮氧化物污染治理技术"十一五"烟气脱硫脱氮技术创新与发展交流会, 2007.

[29] 赵风清, 刘鹏蛟, 武振刚. 固硫灰渣水泥的开发 [J]. 粉煤灰综合利用, 2002 (006): 39-40.

[30] 刘辉敏. 利用脱硫灰烧制贝利特-硫铝酸盐水泥 [J]. 再生资源与循环经济, 2008 (01): 42-44.

[31] 任丽, 王文龙, 张慧艳, 等. 半干法脱硫灰烧制硫铝酸盐水泥的中试试验 [J]. 动力工程学报, 2009, 29 (003): 302-306.

[32] 陈慧泉, 陈国纳. 循环流化床锅炉脱硫灰在加气砌块生产中的应用 [J]. 砖瓦, 2012 (1): 35-36.

[33] 闫维勇. 半干法循环流化床脱硫副产物的综合利用 [J]. 河北工业科技, 2009 (01): 44-47.

[34] 胡岳芳. 脱硫灰在干粉砂浆中的应用研究 [D]. 南昌: 南昌大学, 2009.

[35] 严云, 陈雪梅, 胡志华, 等. 一种循环流化床燃煤固硫灰轻质混凝土的制备方法 [P]. 西南科技大学, 专利号: CN 201210072594.

[36] 晓非. 用煤灰生产瓷砖 [J]. 建材工业信息, 1995 (05): 12.

[37] 刘志国. 工业废料生产瓷砖技术探讨 [J]. 山东陶瓷, 2004, 27 (1): 30-32.

[38] 王世兴. 利用粉煤灰生产陶瓷墙地砖 [J]. 中国陶瓷工业, 1998, 005 (002): 24-26.

［39］王福元，平炳华．国内外粉煤灰填筑工程技术发展动向［J］．水运工程，1995（5）：55-59.

［40］朱天益．填筑粉煤灰中几个技术问题［J］．粉煤灰，1999（4）：22-36.

［41］邵军义，黄聿国．粉煤灰吹填造地新工艺及其社会经济效益［J］．粉煤灰，2002（01）：63-65.

［42］高晓兵．粉煤灰在煤炭工业的应用［J］．粉煤灰综合利用，1998（04）：62-63.

［43］杨宝贵，赵立华，王双斗，等．煤矿村庄下胶结充填开采的经济效益分析［C］// 全国采矿技术与装备进展年评报告会．中国金属学会；中国有色金属学会，2010.

［44］丁燕斌．固体充填采煤技术在邢台矿建筑物下的应用［J］．中国煤炭，2012（03）：55-57.

［45］《矿产资源节约与综合利用先进适用技术推广目录》第二批

［46］司秋亮，王恩德，丁姝．采煤沉陷区土地复垦的几种简易方法［J］．资源环境与工程，2007，21（005）：629-631.

［47］刘长瑜，孙守栋，刘学山，等．粉煤灰充填采煤塌陷地覆土还田的实践与探讨［J］．资源·产业，2000（7）：19-21.

［48］徐万金．粉煤灰在公路路基填筑中的应用［J］．山西建筑，2003（11）：111-113.

［49］沈华春．国外粉煤灰在路堤工程中的应用［J］．中外公路，1993，013（005）：45-48.

［50］黄宗远，陈长寿，张敏，等．粉煤灰在公路路基施工中的应用［J］．中南公路工程，2003（01）：67-67.

［51］陈灿，穆星，樊现锋．粉煤灰路堤工程施工技术探讨［J］．中国新技术新产品，2010（014）：96-96.

［52］信志刚．粉煤灰在道路工程中的应用［J］．内蒙古石油化工，2010，36（5）：31-32.

［53］张超．劣质低活性粉煤灰路用理论基础［J］．长安大学学报：自然科学版，2004（03）：15-18＋36.

［54］张勇全．农村公路粉煤灰路面基层施工技术研讨［J］．公路交通技术，2005（002）：30-31.

［55］吴德曼，陈先勇，杨兵，等．高含硫粉煤灰对路用性能的影响［J］．公路交通技术，2004（003）：42-43.

［56］薛彦平，陈冬燕．国内粉煤灰混凝土路面的应用和研究现状分析［J］．粉煤灰，2005，017（003）：21-24.

［57］张旭辉．粉煤灰用于铁路路堤的研究［J］．粉煤灰综合利用，2000，014（003）：27-28.

［58］卢昌鑫，刘文录，翁兴中．机场道面粉煤灰水泥混凝土的试验研究和应用［J］．粉煤灰，2010（04）：35-36.

［59］ Adriano D C，Weber J T. Influence of Fly Ash on Soil Physical Properties and Turf-grass Establishment ［J］. Journal of E nv ironmental Quality，2001，30（2）：596-601.

［60］ 严彩霞，董健苗. 粉煤灰在农业方面的利用 ［J］. 粉煤灰综合利用，2001（05）：41-44.

［61］ FISHER G L，CHANG D P Y，BRUMMER M. Fly Ash Collected from Electrostatic Precipitators：Microcrystalline Structures and the Mystery of the Spheres ［J］. Science，1976，192（4239）：553-555.

［62］ PATHAN，S. M，AYLMORE，L. A. G，COLMER，T. D. Properties of Several Fly Ash Materials in Relation to Use as Soil Amendments ［J］. Journal of environmental quality，2003，32（2）：687-693.

［63］ 吴家华，刘宝山. 董云中，等. 粉煤灰改土效应研究 ［J］. 土壤学报，1995，32（3）：334-340.

［64］ 李桂中. 电力建设与环境保护 ［M］. 天津：天津大学出版社，2000.

［65］ 毕德义，吴子一. 磁化粉煤灰对作物增产机理的研究简报 ［J］. 山东农学院学报，1998（1）：71-74.

［66］ 高占国，华珞，郑海金，等. 粉煤灰的理化性质及其资源化的现状与展望 ［J］. 首都师范大学学报（自然科学版），2003（01）：70-77.

［67］ ADRIANO D C. Effects of high rates of coal fly ash on soil，turfgrass，and groundwater quality ［J］. Water，Air and Soil Pollution，2002，139（1-4）：365-385.

［68］ MULFORD F R，MARTENS D C. Response of Alfalfa to Boron in Flyash ［J］. Soil，Soc Amer Proc，1971，35（2）：296-300.

［69］ KUKIER U，SUMNER M E，MILLER W P. Boron Release from Fly Ash and its Uptake by Corn ［J］. Journal of Environmental Quality，1994，23（3）：596-603.

［70］ PHUNG H T，LUND L J，PAGE A L. Trace elements in fly ash and their release in water and treated soils ［J］. J. Environ. Qual（United States），1979，82（2）：171-175.

［71］ WALLENDER W W，TANJI K K. Agricultural Salinity Assessment and Management ［J］. Irrigation Water Quality Assessments，2011，10. 1061/9780784411698：343-370.

［72］ 焦有，吴德科. 粉煤灰作为土壤改良剂的效用及其环境评价 ［J］. 河南科学，1997，015（004）：470-475.

［73］ 贾得义，郝肖黎. 粉煤灰改良重黏土地的研究报告 ［J］. 粉煤灰综合利用，1990（1）：29-32.

［74］ 朱江，周俊，曹德菊，等. 粉煤灰的理化性状及其在农业上的应用 ［J］. 安徽农学通报，1999，5（1）：48-49.

［75］ 胡振琪，戚家忠，司继涛. 粉煤灰充填复垦土壤理化性状研究 ［J］. 煤炭学报，2002，27（6）：81-85.

［76］ 任启勤，王超英. 电厂灰场覆土后土壤和小麦中氟污染的调查研究 ［J］. 安徽预防医学杂志，2000，006（004）：252-253.

［77］ 金卓仁．粉煤灰多元素复混肥及增产效果［J］．化肥工业，1997，024
（001）：27-30.

［78］ 赵青，史力有，李国桢，等．粉煤灰多元复混肥花生配方研究［J］．江西农
业大学学报：自然科学版，2002，24（2）：52-55.

［79］ 陈大睿．土壤磁性及磁化粉煤灰在农业上的利用［J］．粉煤灰综合利用，
1997（1）：43-45.

［80］ 李贵宝，单保庆，孙克刚，等．粉煤灰农业利用研究进展［J］．磷肥与复肥，
2000，1（006）：59-60.

［81］ 李贵宝，王美玲．粉煤灰作为肥料的利用及其前景［J］．农资科技，2001
（1）：17-18，20.

［82］ 电力部南京电力环保科研所．粉煤灰复合磁化肥技术［J］．粉煤灰综合利
用，1994（2）：38-41.

［83］ 孙克刚，姚健，杨稚娟，等．棉花施用粉煤灰磁化肥效应方程及肥效研究
［J］．河南科学，2000，18（3）：92.

［84］ 张玉昌，邹宇超．多元磁化肥的开发与生产［J］．磷肥与复肥，1999，14
（2）：50-51.

致谢

感谢国家重点研发计划（2019YFC1904300）的支持。感谢北京低碳清洁能源研究院财务与项目方面的支持。感谢中国循环经济协会粉煤灰专委会提供粉煤灰相关的政策和综合利用现况。感谢建筑材料工业技术情报研究所吴小缓及其同事提供相关的报告。感谢电力行业标准《燃煤电厂粉煤灰资源化利用分类规范》参与编写人员对部分内容的贡献，包括朱林、胡维淳、王群英、孙俊民、丁华、王智、乔秀臣、刘泽、翟冠杰、刘晨、董刚、董阳、王栋民、李俏、公彦兵、郑旭、邵徇、段雪蕾、代世峰、王吉祥、房奎圳、魏雅娟、柴淑媛、刚良、李芳菲、宋远明、李辉、周媛、吴华夏、许鸿飞、郝进秀、万小梅、吴悦、刘姚君、吴慕正、唐兴、寇亚洲、杨柳、苏清发、丁书强等。